LANDSCAPE RECORD
景观实录

图书在版编目（CIP）数据

景观实录. 铺装 / 贝龙编.
-- 沈阳：辽宁科学技术出版社, 2016.12
ISBN 978-7-5591-0074-0

Ⅰ. ①景... Ⅱ. ①贝... Ⅲ. ①路面铺装－景观设计
Ⅳ. ①TU986.2

中国版本图书馆CIP数据核字（2017）第006915号

景观实录Vol.6/2016.12

辽宁科学技术出版社出版/发行（沈阳市和平区十一纬路25号）
各地新华书店、建筑书店经销

开本：880×1230毫米 1/16 印张：8 字数：100千字
2016年12月第1版 2016 年12月第1次印刷
定价：**48.00元**
ISBN 978-7-5591-0074-0

辽宁科学技术出版社 www.lnkj.com.cn
《景观实录》 http://www.land-rec.com

Please Follow Us

《景观实录》官方网站
http://www.land-rec.com

《景观实录》官方新浪微博
http://weibo.com/LnkjLandscapeRecord

《景观实录》官方腾讯微博
http://t.qq.com/landscape-record

《景观实践》官方微信公众平台 微信号：
landscape-record

LANDSCAPE RECORD

Vol. 6
2016.12

封面: 火奴鲁鲁IBM户外景观，Surfacedesign 提供。
对页: 火奴鲁鲁IBM户外景观，Surfacedesign 提供。
本页: 合肥万科“城市之光”，澳派景观设计工作室提供。

新闻

作品

观点

主题项目

深度策划

景观规划与竞赛

设计交流

设计师访谈

2016年美国建筑奖揭晓

首届年度美国建筑奖（AAP）获奖结果日前揭晓。评选委员会在涉及建筑设计、室内设计和景观设计的40多个种类里评选出最终的获奖作品。奖项评选的标准是设计作品在形态、功能和创新等方面的特色。

由特尔福设计工作室（Turf Design Studio）和环境伙伴设计公司（Environmental Partnership）联合设计的悉尼公园水循环项目（Sydney Park Water Re-Use Project）获得2016年美国建筑奖年度最佳景观设计奖。

在过去的20年间，悉尼公园的用地改造取得了巨大成果，后工业时代的历史以及废物处理留下的痕迹已经成功抹去，这里变成了一片占地44公顷的绿地，为悉尼南部郊区人数不断增长的居民营造了美好的生活环境。该项目是迄今为止悉尼市规模最大的环境改造工程，隶属于澳大利亚政府推行的“国家城市水源与海水淡化计划”，也是“2030年悉尼可持续规划”（Sustainable Sydney 2030）的一部分，目标是通过公园的雨水收集和再利用，满足10%的用水需求。本质上，这个工程属于悉尼基础设施建设，同时，它也为悉尼的绿化注入了新的生机，将成为悉尼最重要的日常休闲活动用地之一。

由特尔福设计工作室和环境伙伴设计公司组成的景观设计团队开展了跨学科的合作，将设计、艺术、科学与生态相结合。设计过程采用圆桌会议的形式，将水利专家（来自Alluvium公司）、艺术家（来自Turpin + Crawford工作室）、生态学家（来自Dragonfly Environmental公司）、工程师（来自Partridge工程公司）以及来自政府部门的景观设计师汇集在一起，集思广益。设计的成果是一系列以服务社区为目标，是基础设施和“人造系统”，包括水源再利用系统、休闲活动系统和生物多样性系统等，全都有机结合在悉尼公园的框架之内。

甘建筑工作室将设计美国国家建筑博物馆2017年夏季艺术展

随着菲尔德景观事务所（James Corner Field Operations）设计的2016年夏季社区艺术展落下帷幕，美国国家建筑博物馆（National Building Museum）日前宣布，甘建筑工作室（Studio Gang）将负责设计明年的夏季展览艺术装置。跟往年一样，甘建筑工作室也将设计一个临时性的艺术展览装置。之前菲尔德事务所设计的作品名为“冰山”，展览持续到2016年9月5日。国家建筑博物馆的夏季艺术展活动由来已久，2015年是由Snarkitecture公司设计的“沙滩”，2014年是BIG事务所（Bjarke Ingels Group）设计的“大迷宫”。

国家建筑博物馆与甘建筑工作室曾有过多次合作。2003年，甘建筑工作室创始人珍妮·甘（Jeanne Gang）曾在该博物馆的“石工艺术展”上展出她的作品——半透明的“大理石窗帘”；2009年，珍妮在建筑博物馆的“女性建筑系列活动”中曾做过关于“地平线与社区的转变”的演讲；2010年，珍妮出任博物馆“智能城市”活动顾问。

夏季社区艺术展是国家建筑博物馆每年举办的艺术活动，展出独具创意的临时性艺术装置，带给游客互动式的艺术体验，挑战人们对建筑环境的感知。尽管甘建筑工作室为此所做的设计尚未完成，但是设计宗旨已经明确——延续珍妮在建筑博物馆的创意设计精神。

珍妮表示：“很高兴再次回到国家建筑博物馆。我们曾在这里展出的‘大理石窗帘’是我们工作室早期的重要作品，我们对于材料创新与研究的传统便是来源于此。我们希望延续博物馆夏季艺术展的传统与活力，让博物馆历史悠久的大会堂再放光彩。”

甘建筑工作室设计的国家建筑博物馆夏季社区艺术展作品的细节将于2017年年初公布。艺术展将于2017年7月4日面向公众开放，持续到美国劳动节（9月第一个星期一）。

格兰特景观事务所着手规划改造英国金斯顿监狱

英国朴茨茅斯的金斯顿监狱（Kingston Prison）将改造成230套公寓房，改造规划已获市政府批准。英国FCB建筑工作室（Feilden Clegg Bradley Studios）将负责改造工程的建筑设计，不仅包括维多利亚风格的老建筑改造，还有新建建筑。景观规划由格兰特景观事务所（Grant Associates）负责。

金斯顿监狱建于1877年，是19世纪末流行的“放射状圆形监狱”的代表。这种监狱规划的概念是：监室呈放射状布置，中央一座圆形建筑，方便监视。

2013年金斯顿监狱就已经关闭。这里的监室、小教堂和医务室等将改造为住宅。此外，用地边缘还将新建一批低矮的公寓楼。原监狱的外墙历史悠久，属于文化遗迹，改造中将会保留，原监狱门房将改造成咖啡馆。

景观规划是这个改造项目的重要组成部分。格兰特景观事务所的设计理念是将景观环境视为这个居住区的共享空间，鼓励居民间的交流互动，并在适当的地方协助用地上的行人通行。

根据原监狱的放射状布局，监狱大楼边开辟了一系列的封闭式庭院，打造成小花园的形式。石砌墙是这些小花园的特色景观元素，设计灵感来自传统的围墙花园，将为这片居住区树立起鲜明的环境形象。

中央花园广场四周布置一系列“雨水花园”，能收集来自铺装地面和屋顶的雨水。这里会栽种各种耐涝植物，形成一片新的野生生物栖息地，改善用地的生态环境。

用地上还将栽种多种品种的树木，丰富园区内的视野，增加景观的特色，也有助于改善用地的舒适性，提升生态价值。

全球生物多样性与生态系统评估公布联合主席

近日，125个国家参与的全球生物多样性与生态评估项目，宣布由自然与人类健康领域的三位世界级专家担任评估委员会联合主席，该项目名为“生物多样性与生态服务跨政府间科学政策平台”，简称“IPBES”。

三位教授桑德拉·迪亚兹（Sandra Díaz，阿根廷）、爱德华多·布朗蒂齐奥（Eduardo Brondízio，巴西/美国）和约瑟夫·塞特尔（Josef Settele，德国）将带领来自世界各地的100多位专家组成的团队，开展为期三年的跨学科合作，进行IPBES生物多样性与生态系统服务全球评估。

IPBES主席罗伯特·沃特森爵士（Robert Watson）在谈及这项工程的重要性与研究范畴时曾表示：“2005年由我主持的‘千年生态系统评估’（MA）改变了我们看待世界的方式。这项评估汇集了众多社会学家和自然科学家，评估团队得出的一致结论是：人类正在给环境造成沉重的负荷，地球的生态系统甚至可能无法供养我们的子孙后代。IPBES全球评估是MA评估的延续。评估中的发现将在未来十年乃至更长的时间内成为国际上以及国家级政府、私营企业和民间团体的决策基础，为成功实现可持续开发目标提供科学依据。”

此次评估的时间跨度是从20世纪中期到本世纪中期。评估将分析在这个时期内人与自然的互动关系、导致环境变化的直接和间接因素、环境价值、人类应对策略以及自然对人的积极影响等方面的情况，并进一步探索生物多样性与生态系统对人类生命质量的长期影响，关注《2030年可持续发展日程》在经济、社会和环境维度上的平衡关系以及《联合国生物多样性战略规划》取得的成果，包括“日本爱知县生物多样性目标”。

K2K城市设计竞赛获奖方案揭晓

澳大利亚K2K城市设计竞赛获奖方案于近日在新南威尔士大学揭晓。这项设计竞赛采用了独立的评审委员会，最终选出由JMD设计公司、希尔·塔利斯建筑规划公司（Hill Thalis）和班尼特+特林布建筑师事务所（Bennett and Trimble）三方联合设计的作品作为中标方案。

K2K项目投资预算30万美元。此次国际概念设计竞赛吸引了来自世界各地最优秀的建筑师和规划师。K2K中的两个K分别代表金斯福德（Kingsford）和肯辛顿（Kensington），设计内容是在分析附近社区居民反馈的基础上为这两个中心区规划未来的开发。

获胜方案的设计亮点包括:

- 加宽澳新军团大道（Anzac Parade）的步道，打造“人民的林荫道”
- 沿澳新军团大道建设六个市中心区和一个广场
- 在澳新军团大道步行可到达的范围内建设新的绿地
- 栽种上百棵树木，营造一条“绿色走廊”
- 河道景观建设: 重新开发肯辛顿隐藏的溪流
- 在皇家兰德威克赛马场（Royal Randwick）边建设赛马场公园

兰德威克市长诺埃尔·德苏萨（Noel D' Souza）表示，这项设计竞赛由兰德威克市政府组织发起，是这个城区开发规划中的第一步，旨在让社区重新夺回城区发展的控制权——私人开发商一味追求高层建筑，曾经在这片街区进行无秩序开发。

“引进轻轨后，金斯福德和肯辛顿已经发生了巨大的改变，市政府还在寻找新的方式，以期未来更好地满足当地居民和商业发展的需求，” 德苏萨说，“这次竞赛的意义在于，它让我们能够从澳大利亚最优秀的建筑师和城市规划师那里寻求新的思路，为金斯福德和肯辛顿未来几年的发展进行更好的规划控制。设计要求是根据公众反馈的信息提出的，最终入围的几个作品也考虑了这些反馈。这能让我们更好地理解当地居民真正想要的社区发展是什么样的。”

澳大利亚伊恩·波特国家温室设计竞赛结果揭晓

伊恩·波特国家温室（Ian Potter National Conservatory）位于堪培拉的澳大利亚国家植物园内。这项国家级设计竞赛由CHROFI公司领导的设计团队摘得桂冠，团队中包括: 麦格雷戈·考克瑟设计工作室（McGregor Coxall）、Ten环境设计咨询公司（Atelier Ten）、“栖息地”设计公司（Inhabit）、SDA公司和Toko公司。

设计概念是一个“悬浮立方体”。温室采用半透明的墙壁，分不同的层次，透明度有所不同。这种墙壁也能起到隔热的作用，利用太阳能，提升温室室内空气的温度。

评审报告中引用了设计师对自身提出的问题:“在气候变化的背景下，如何让温室带来独特的难忘体验？”

CHROFI公司总监约翰·蔡（John Choi）表示:“我们将伊恩·波特国家温室视为一种新型温室——21世纪的‘植物博物馆’。我们没用传统温室常用的玻璃外墙，而是打造了一系列的沉浸式空间，让游客沉浸在温室独特的环境中，与植物进行全方位的互动。同时，我们所用的玻璃将呈现世界级的环保性能。”

评审委员会对获奖方案的描述是:“在植物园中构造了一系列神秘的‘绿色宝藏’。CHROFI设计的温室呈现出‘立方体大教堂’的形式，以内部的垂直空间为游客营造出热带森林生物栖息地的体验。

“该方案别出心裁，既总结了传统温室设计的经验，又抛开传统的束缚。最终的方案呈现出一种全新的建筑表现，令人一见就过目难忘，体验之后更觉获益良多。”

英国大屠杀纪念碑国际设计竞赛启动

英国政府正在面向全球设计师、建筑师和艺术家征集英国国家大屠杀纪念碑的设计方案。纪念碑位于英国国会大厦边，旨在纪念犹太人大屠杀（纳粹德国在第二次世界大战中的种族清洗）。

这是一项国际设计竞赛。项目选址在维多利亚塔花园中，毗邻国会大厦，英国政府希望将其建设成为一个新的国家级景点。这里将展示英国对大屠杀中的死难者和幸存者的纪念，为人们缅怀历史提供一个静谧的环境，同时它也会是国家级大型纪念活动的一个新场地。

根据英国大屠杀纪念基金会（UK Holocaust Memorial Foundation）的建议，参赛者还要设计一个配套的地下“学习中心”。这应该是一个世界级的宣传中心，让游客有机会去了解更多的大屠杀信息，将纪念碑放在历史背景下去更好地理解，让子孙后代在反对仇恨与偏见的斗争中学会尊重、包容差异。

学习中心里将存放大屠杀幸存者与集中营释放者的证词，包括还没有对外公布的最新资料——英国政府希望从未发声的幸存者能为后人留下他们珍贵的记忆。学习中心会设置指示牌，介绍散布在英国各地的有关大屠杀的资料。

此次国际设计竞赛诚邀世界级设计团队，提交设计概念后，竞赛组委会将甄选出一批入围方案，然后入围的团队再提交二次设计。第一次的方案是纪念碑的初步设计概念，二次设计包括地下学习中心，未来会根据技术、资金、规划以及其他方面的情况再做调整和改进。组委会将委托成立一个独立的评审委员会，负责设计方案的评选。最终入围的作品将于2017年1月在伦敦市中心进行展览，同时在网上公布，让大众可以看到并提出反馈意见。

新建大屠杀纪念碑、学习中心以及一系列其他的纪念设施（包括记录大屠杀幸存者证词）的想法，是“大屠杀纪念委员会”（Holocaust Commission）2015年1月提出的。在这之前，大屠杀纪念委员会面向公众进行了广泛的意见征询活动，包括英国史上最大的大屠杀幸存者聚会活动。英国政府全盘接受了委员会的建议，拨款5000万英镑，并成立了英国大屠杀纪念基金会，为纪念碑、学习中心以及其他纪念设施的建设提供意见。

大屠杀纪念碑与学习中心的设计要求是：

·设计恢弘大气，触动心灵，环境氛围适合反思与学习

·让大屠杀纪念碑成为英国的国家级景点，彰显大屠杀在英国历史上的重要性

·大屠杀纪念碑要与花园中原有的其他纪念碑和谐共存，形成整体的环境，代表英国的意识形态与价值观

·符合用地所在环境的历史和政治重要性——这附近有联合国世界文化遗产威斯敏斯特宫和泰晤士河，而且是伦敦最受游客欢迎的河段

·面向世界游客，不论年龄、信仰、背景、国籍、语言或者对大屠杀抱有何种认识，不局限在伦敦或者英国民众中

·为今人与后人缅怀大屠杀的历史、纪念死难者创造适当的场合，也为每年的国家级纪念活动提供场地

·彰显英国反对偏见与仇恨的决心，激起大众的反思与同情，鼓励游客尊重差异，接受不同

·环境庄严肃穆，但不会触目惊心；客观展现历史，让游客对大屠杀及死难者有更深刻的理解

·设计、景观与环境营造相结合，突出维多利亚塔花园的背景，改善绿色空间的视觉体验和感官体验，让纪念碑成为环境体验的核心

·真实表现大屠杀的暴行及其影响，反映出欧洲犹太人在反抗纳粹政权的斗争中起到的核心作用

·适当表现受到纳粹迫害的其他人群，包括残障人士、奴隶、教徒、同性恋者以及纳粹政权的所有政敌

1

长沙中航国际社区“山水间”公园

项目地点：中国，湖南，长沙
竣工时间：2014年
景观设计：张唐景观
雨洪顾问：王墨
水生态系统修复与水污染控制：上海太和水环境科技发展有限公司
照明设计：北京周红亮照明设计有限公司
委托客户 / 业主：长沙中航国际社区
摄影：张海

项目概述

山水间社区公园是一个典型的中国高密度社区里的公共绿地，四周被超高层住宅包围，将会为新搬迁来的几千名住户提供室外活动的空间。公园面积只有1.4公顷，但是要满足各类人群的不同使用需求。场地本身标高比四周低，而且有大片的原有山林和一个池塘。设计方案在尽量保护植被和满足人们使用要求的基础上，巧妙的将雨洪管理系统融入场地，在使用生态手段处理雨洪的同时，使人们可以与这个系统进行互动，在玩耍的同时，学习与雨洪相关的知识。此外，方案还将“大昆虫”的主题引入儿童活动区，设计并制作了各种以昆虫形态为灵感的互动雕塑和游乐设施，让前来玩耍的孩子们留下美好的回忆。

雨洪管理系统设计

“山水间”社区公园雨水循环利用系统包括“主动式”和“被动式”两类循环系统。本案中“被动式”循环系统通过地下蓄水设施收集来自集水范围的地表径流，进而依次流入雨水花园和置留池，最后再通过循环设施使径流循环流动。同时，设计方创造性运用了激活“参与性”的“主动式”循环系统，通过参与者手动使用“阿基米德”取水器对置留池和雨水花园之间实现水量输送。

1. 保留山坡上原有的树木，增加一条小径，采用透水混凝土铺装，小径从林中蜿蜒而过
2. 观景广场边的蓄水池，收集来自池塘的溢流水
3. 入口水墙采用耐候钢，墙上有公园的 LOGO 标识。所用的水来自收集的雨水

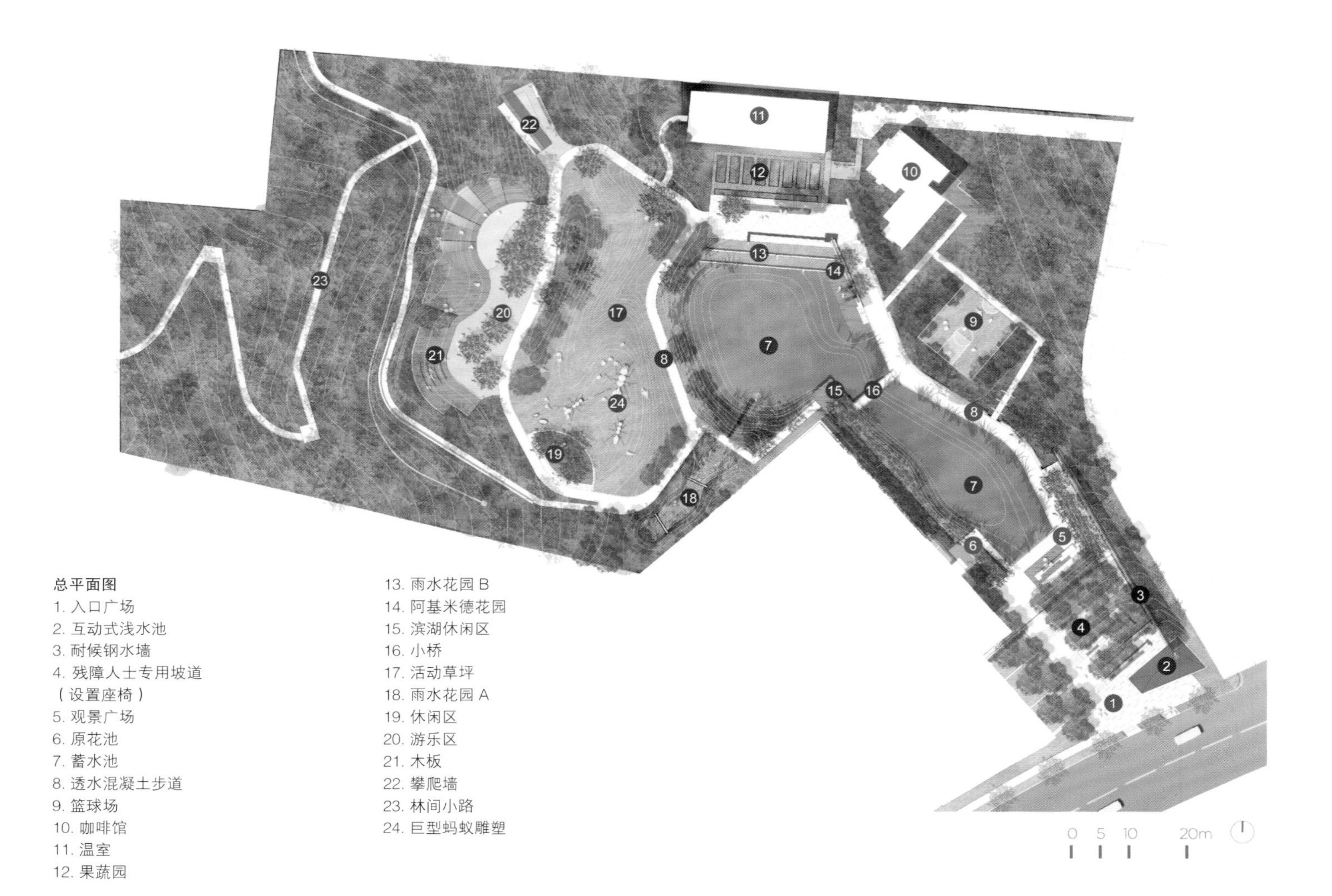

总平面图

1. 入口广场
2. 互动式浅水池
3. 耐候钢水墙
4. 残障人士专用坡道（设置座椅）
5. 观景广场
6. 原花池
7. 蓄水池
8. 透水混凝土步道
9. 篮球场
10. 咖啡馆
11. 温室
12. 果蔬园
13. 雨水花园 B
14. 阿基米德花园
15. 滨湖休闲区
16. 小桥
17. 活动草坪
18. 雨水花园 A
19. 休闲区
20. 游乐区
21. 木板
22. 攀爬墙
23. 林间小路
24. 巨型蚂蚁雕塑

1

1. 山脚下的“巨型昆虫”儿童游乐场。设计利用地势高差，打造了阶梯广场的格局。游乐装置模仿昆虫的造型
2. 游乐场边设置了不同坡度的不锈钢滑梯，充分利用场地的高差，全家人可以一起游戏
3. 蓄水池上方设置小桥

1. 阿基米德花园里设置了取水装置、互动式水渠以及雨水花园 B
2. 阶梯广场铺设木板，利用场地高差，带来更丰富的休闲娱乐体验
3. “巨型蚂蚁”装置，小孩子可以爬到“蚂蚁”肚子里扮演“蚂蚁宝宝”
4. 儿童在互动式水渠里奔跑
5. 信息指示牌，上面有关于雨水花园里的水生植物的信息

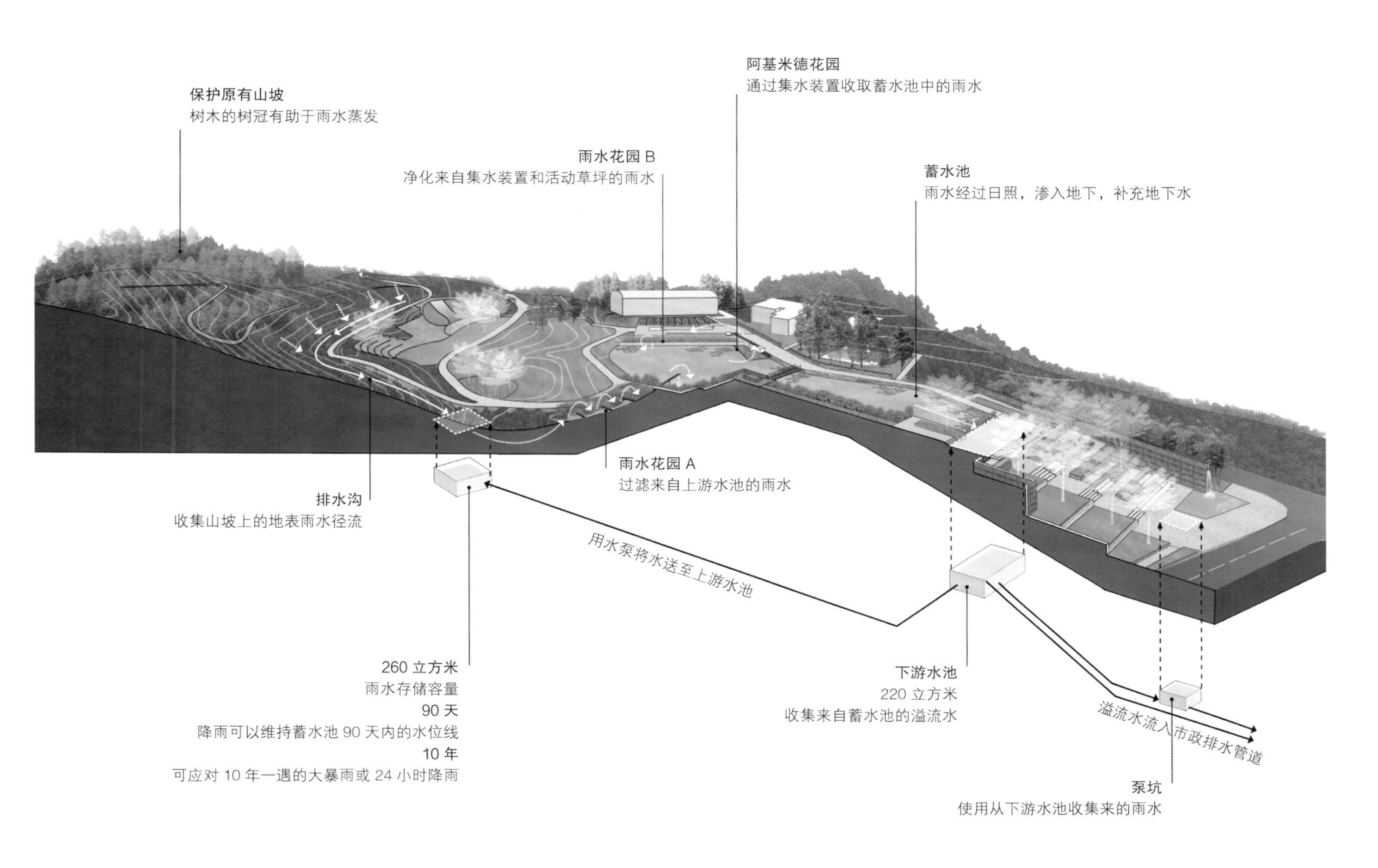
保护原有山坡
树木的树冠有助于雨水蒸发
阿基米德花园
通过集水装置收取蓄水池中的雨水
雨水花园 B
净化来自集水装置和活动草坪的雨水
蓄水池
雨水经过日照，渗入地下，补充地下水
雨水花园 A
过滤来自上游水池的雨水
排水沟
收集山坡上的地表雨水径流
用水泵将水送至上游水池
260 立方米
雨水存储容量
90 天
降雨可以维持蓄水池 90 天内的水位线
10 年
可应对 10 年一遇的大暴雨或 24 小时降雨
下游水池
220 立方米
收集来自蓄水池的溢流水
溢流水流入市政排水管道
泵坑
使用从下游水池收集来的雨水

雨水处理示意图

4

叠泉雨水花园植物
Plants in the Rain Garden
5

1

2

3

首先，将鱼塘改造为一个生态滞留池，池内种植多种具有根系净化功能的水生植物，从而达到净化水体的目的。

其次，在山脚处设置集水沟，将山体上的地表径流收集到一个蓄水池中，蓄水池中的雨水溢流入雨水花园 A 进行净化，并最终流入生态滞留池。

再次，在阿基米德花园中设置了螺旋形取水器，滞留池中的雨水可以抽到观察水渠中，并最终进入雨水花园 B 中进行另一次净化。水流抽起和流经观察水渠的过程与人产生了互动，达到了使人们近距离参与雨洪管理的目的。

最后，在生态滞留池尽端的蓄水池可以储存从水池中溢流出的雨水，在旱季需要给生态滞留池补水时，蓄水池中的存水会由水泵打入山脚下方的蓄水池，进行净水和补水的过程。

1. 木质攀爬墙上设有一面黑板
2. “巨型蚂蚁”装置设置在草坪高处，是这个公园的标志性形象
3. 取水装置的操作需要孩子们相互合作
4. 雨水花园 A 中设置耐候钢水渠。栽种多种植物，营造“治愈系”环境
5. 孩子们在水渠边玩耍

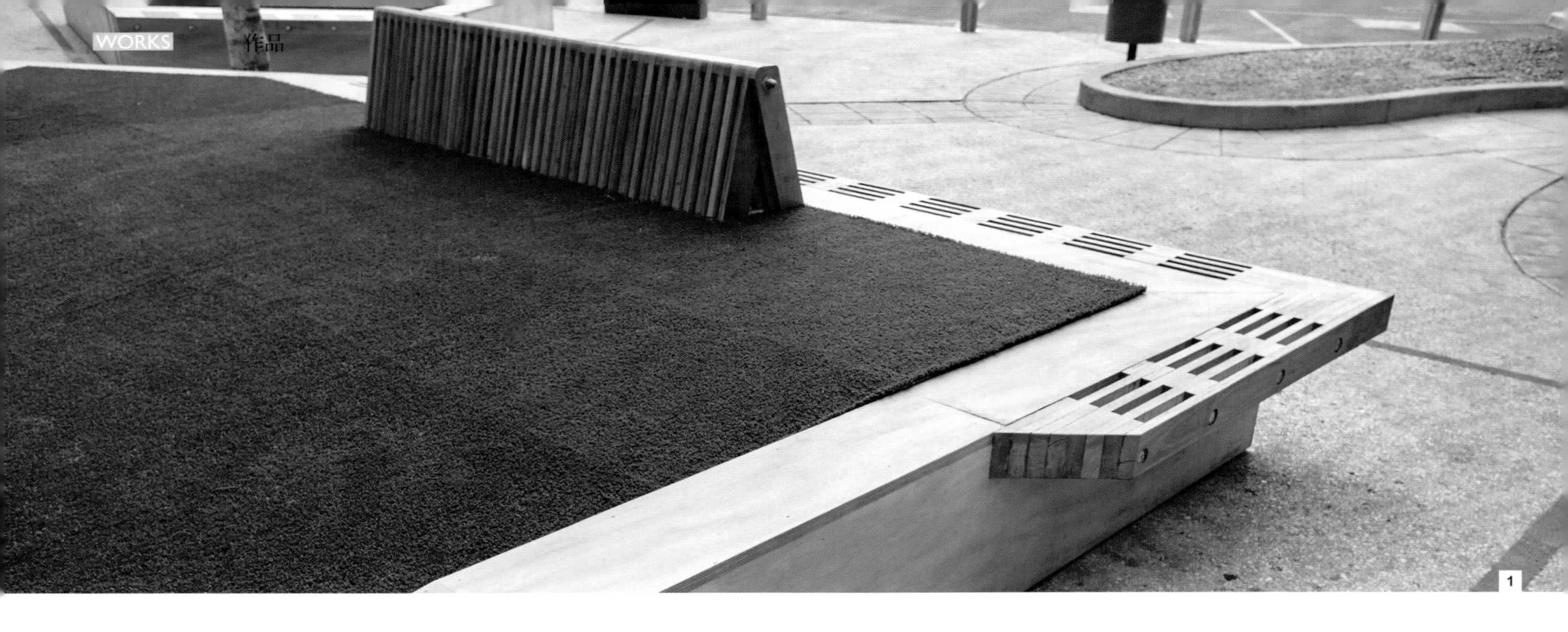

1

墨尔本 Highpoint 购物中心户外广场

景观设计：澳派景观设计工作室（ASPECT Studios）
项目地点：澳大利亚，墨尔本，玛丽滨侬
竣工时间：2015 年
委托客户：GPT 集团
摄影：安德鲁·劳埃德（Andrew Lloyd）

现在的购物中心不仅需要满足购物需求，更在逐渐转变为社区中心。墨尔本 Highpoint 购物中心户外广场（Highpoint Pop-up Park）展现了全新的交流、休憩、观赏和玩耍方式。由于处于通往购物中心最为热闹的入口通道，这里的公共广场空间十分有限。

在设计改造之前，小型的广场上是裂开的现浇混凝土、食物饮料和烟头留下的污渍，而且缺少休息空间，因此仅仅是作为通往购物中心的通道。这次改造以速度快、低成本为主，加入具有亲切感的材料，如矮墙收边和标准木柱栅栏。此外，结合层压配件和彩色的座椅元素也为广场空间添加了独特的亮点。

特制抬高的平台以柔软的人造草坪为主，并以定制的座椅细节收边。这些座椅和草坡面向中心的安全游乐区，并配以可移动的游乐元素。整个设计将原有的场地功能成功无缝结合。

丰富重叠的功能分区为不同群体之间创造了一种全新的联系。在这里，年轻人可以一起相聚逛逛，儿童也可在旁边蹦蹦跳跳、捉迷藏、奔跑。

项目展现了如何对空间进行重组，进而丰富空间层次。这不仅仅是一个临时性的小广场设计，更是一次策略性的城市化尝试，并最终深受人们喜爱。

1. 公园要能快速、方便地完成施工，要使用普通材料，比如胶合板和标准化螺栓壁式框架
2. 座椅由各种配件组合而成，色彩鲜艳，形成环境的特色

平面图

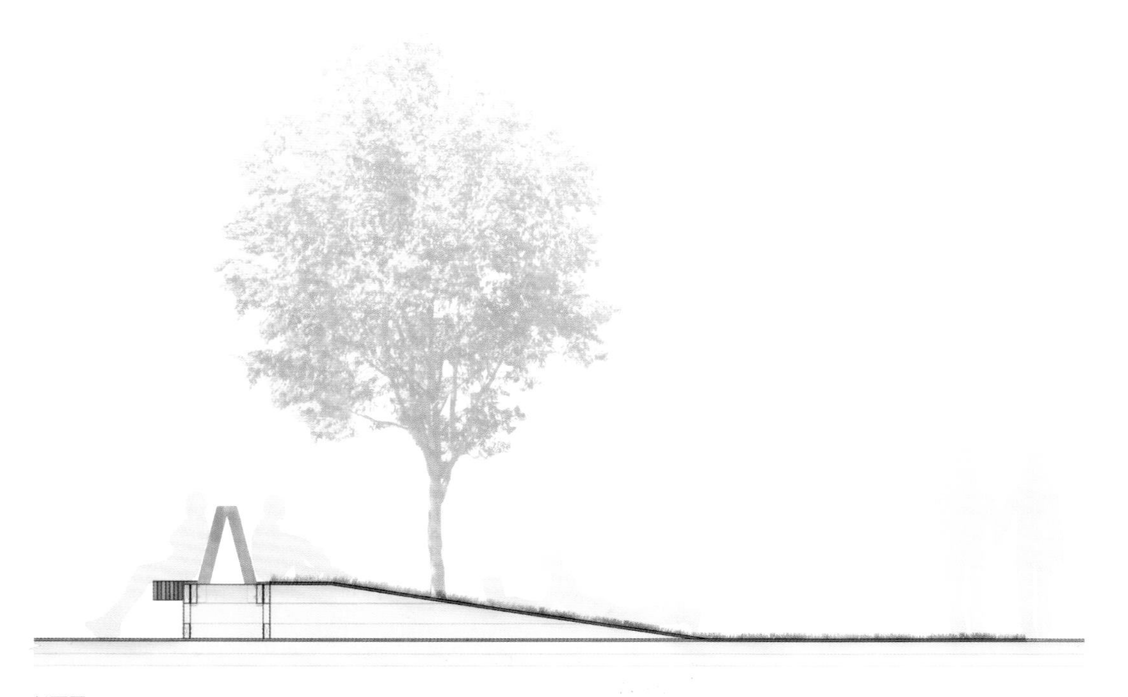

剖面图

1. 多样化的活动场地相互重叠，给社区不同群体创造了交流的机会
2. 设计鼓励居民参与户外运动
3. 营造多功能空间，满足不同人群的需求
4. 不同人群可以在这里共享休闲时光

开放式空间与“积极交通”

文：伊丽莎白·施里夫

开放式空间，包括连接着家和工作地的步行道和自行车道，对于可持续的健康环境的建设至关重要。这样的空间将美学欣赏、休闲娱乐与绿色基础设施相结合，是一种多功能景观，能吸引消费者，进而带来经济上的效益，尤其是对人数越来越多的空巢老人、“千禧一代”（1984-1995 年出生的一代人）以及追求健康生活方式的人群来说。

根据美国城市土地学会（ULI）2013 年 7 月的一项调查，开放式空间对房地产开发也具有重要意义。当前的潮流趋势是建设健康的环境，房地产界的决策者们如何评估开放式空间的价值，或者衡量这类空间对健康的影响？针对社区、城区和工作环境的相关研究和案例分析的一份报告，让开发商、政府官员、规划师和设计师对这类空间开发的投资回报有了更深刻的理解。

健康回报

2015 年 5 月，美国国家科学院医学研究院针对不断上升的肥胖率提出了建议：“让体育锻炼成为日常生活习惯的一部分。”社会学博士、“积极生活研究会”（Active Living Research，圣迭戈的一个研究机构，致力于预防儿童肥胖，营造积极的社区生活）研究员黛博拉·路（Deborah Lou）指出，步行道的缺乏以及其他阻碍步行运动的因素会导致运动水平的降低。她表示：“美国每五名成年人中只有一人达到了整体体育运动标准。我们要让步行变得更容易，成为我们日常生活中更愿意做出的选择。”

打造“积极交通”，让人们出门就可以很方便地加入步行军的行列，还有比这更好的方法吗？根据《美国预防医学杂志》(American Journal of Preventive Medicine) 所述，家庭所在街区拥有步道、绿道和公园的人群，比家附近不具备这种地方的人群要健康两倍。根据美国疾病控制与预防中心（Centers for Disease Control and Prevention）的报告，居住在街区适合步行的人群，相较于居住在不适合步行的街区而与之有着相似的社会经济状况的人群，每周能多得到 35 到 45 分钟的中度体育锻炼，而且也比较不容易出现体重超重或肥胖。

底线

这些数据证明，良好的城市规划和社区设计有助于提升公众健康，不过，对于建设这些项目的开发商来说，他们的“经济健康”又如何呢？芝加哥“美国房地产商协会”（National Association of Realtors）2013 年 10 月发布的《2013 年社区偏好调查》显示，60% 的受访者表示，希望自己居住的街区内适合步行，住宅、店铺和其他设施都能步行到达。相比之下，只有 35% 的受访者表示他们更愿意开车前往上述地方。此外，69% 的受访者表示，社区中的其他地方在短距离步行范围内，这一点“非常或比较重要”。

2013 年 10 月，美国乔治梅森大学莫卡特斯中心（Mercatus Center, George Mason University）的一项研究发现，在 WalkScore.com（一个对社区环境适合步行的程度进行评估的网站）上，如果一栋房子的评分能上升一个百分点，美国人愿意多支付 850 美元。从基础设施投资的角度来看，有数据可以证明，积极的开放式空间有更好的投资回报，通常比投资建设的成本要高得多。这种回报不分公共建设投资和私人开发投资。美国北卡罗来纳州交通部发现，该州自行车道的基础设施建设投资仅为 670 万美元，而带来的经济收益却有 6000 万美元之多。马里兰州针对北部中央铁路步道的一项调查显示，该州每年与铁路步道相关的税收收入为 30.3 万美元，而每年用于这些步道管理和养护的费用只有 19.2 万美元。除了较高的投资回报率，这类空间还能满足多种功能需求，不仅是人们休闲娱乐的场地，而且是具有多种用途的绿色基础设施——不仅能协助交通和雨水管理，步道边可以建设各种设施，还能打造生态栖息地，美化环境。

体育锻炼

新建社区是研究这些长期回报的最佳案例。美国马萨诸塞州普利茅斯的松山社区（Pinehills）由佐佐木景观事务所（Sasaki Associates）设计，其中包含超过 16 千米的步道，将各个居民小区与社区中心连接起来，社区中心有果蔬市场、店铺、邮局和餐馆等，其中一家餐馆主打“从农场到餐桌”的健康绿色餐饮。松山社区项目经理托尼·格林（Tony Green）表示：“步道能满足各个年龄段人群的使用，包括每日往返上班的通勤者、社区居民全家老小以及空巢老人。老人会陪孩子或者孙辈散步到社区中心来吃冰激凌，或者陪孩子来附近踢足球。”2008 年，开发商投资 600 万美元兴建了一个 1300 平方米的市场，出售当地出产的农副产品以及烹制好的菜肴。格林表示：“经济萧条期我们仍在吸纳新的住户，住房销售情况保持平稳。今年，销售增长了 40%，平均售价高于普利茅斯其他地区 50%。”

在加利福尼亚州奥兰治县南部，SWA 公司正在进行兰乔社区（Rancho Mission Viejo）的规划设计。体育锻炼在这个项目的设计中十分重要，包括步道、绿地、泳池、花园、零售区

合肥融科城带状公园与水道设计；图片由 SWA 集团提供

以及专为远足设计的小道。兰乔社区开发公司副总裁保罗·约翰逊（Paul Johnson）表示，针对这类设计元素的评估显示，其有助于住房价值增加 6%。约翰逊说："兰乔社区中积极的多功能开放式空间，相比于修建单一功能的高尔夫球场，是更好的选择。"

兰乔社区甚至创立了一种生活方式——"兰乔生活"。这里的居民可以有多种健身和锻炼方式，包括普通的慢跑、游泳和网球，以及骑马、观鸟、划船或者在附近的自然公园里露营。社区内的住房预计有 1.4 万户，非居住空间占地约 46 万平方米，包括商铺和餐馆等，这也为社区创造了就业机会。第一个建成的小区"桑德罗"（Sendero，西班牙语里意即"步道"）于 2013 年 6 月开放，其中包含多种用于体育锻炼的空间。第二个小区占地 405 公顷，目前 SWA 的规划工作仍在进行中。这个小区里包含大量的步道，衔接起零售区、学校、日间照护中心、公园、社区中心、宣传中心以及周围的各种峡谷和道路。

在国际景观设计领域，波兰华沙新建的维拉诺夫社区（Miasteczko Wilanów），由 APA Kurylowicz & Associates 和 Grupa 5 公司联合设计。这个项目的创新设计方式令其获奖无数，尤其是其中的多功能街道设计，将交通、社交、排水、骑马、骑车和健身站合而为一。瑞士 IN-VI 投资公司（IN-VI Investment Vision + Environments）总裁盖伊·佩里（Guy Perry）表示："欧洲的传统是人们穿戴整齐出门散步。这里是华沙人口最密集、犯罪率最低的地方，因为每个人都在看着街道，欣赏风景。"佩里指出，这个项目是本世纪欧洲最大的新开发项目，这里的住房销售势头迅猛，价值也比华沙其他地方高 25%。佩里说："我们也在这里的居民中监测到较低的癌症和儿童肥胖症发病率。我们还发现，这里的新生儿比较多，这在波兰这个低生育率国家里是值得庆贺的。我们相信，这是因为这里的居民更健康，生活更放松。"

城市连结

有方便的道路通向开放式空间，这是新社区开发的底线要求。举例来说，SWA 在达拉斯设计的凯蒂路（Katy Trail），适合步行、骑车，全长 5.6 千米，串联起约 20 个街区，一直延伸到达拉斯中央商务区的边缘，这里有美国航空公司中心，也包括南卫理公会大学（Southern Methodist University）附近的街区。

非营利组织"凯蒂路之友"执行理事罗宾·鲍多克（Robin Baldock）表示："达拉斯的人口越来越密集，人们亟需安全且方便日常使用的绿化空间。凯蒂路地处达拉斯城市化开发最成熟的地区，我们发现人们会为了离这条路更近而搬到这里来。"与凯蒂路连通的道路每周大约为 1.5 万人次服务。达拉斯阿拉莫公寓开发公司（Alamo Manhattan）总裁马特·西格雷斯特（Matt Segrest）在《达拉斯晨报》（Dallas Morning News）上曾说，凯蒂路旁边的住房就像是"达拉斯的海景房"。有数据为证：2001 年至 2011 年，凯蒂路上 0.4 千米的距离中，投资开发金额就达到约 7.5 亿美元，这个区域内的住房销售金额上升了 20%。

在印第安纳州首府印第安纳波利斯，2004 年针对莫农路（Monon Trail）曾做过一项调查。莫农路从前是条铁路线，改造成了步道，由 DLZ 建筑事务所（DLZ Architects）设计，步道沿途串联起商业区、学校、公园、集市和住宅区等多种环境，这也提升了沿途房产的价值。距离莫农路 0.8 千米范围内的住房销售溢价 13,059 美元；莫农路附近的 8862 套住房，房产销售总额增加了 1.157 亿美元。明尼苏达大学汉弗莱公共事务研究学院（Humphrey School of Public Affairs, University of Minnesota）的格雷格·林德赛教授（Greg Lindsey）曾专门研究过莫农路，表示这条道路通过了"成本效益测试"。他表示："它的价值远远高于成本。"

未来趋势

事实已经证明，城市里的公园和绿地能够带来巨大的经济效益。现在，我们也清楚地看到，设计良好、方便使用的开放式空间也能提升房产价值，带来丰厚的投资回报。城市环境、社区环境以及工作环境的景观设计越来越关注使用上的多功能性，集交通、社交活动、城市农业、生物栖息、环境美学于一体，同时也是这个越来越数字化的世界中的一个休憩的港湾。

这些环境不仅影响到我们的身体健康和经济效益，也能带来虽然看不到但却影响巨大的社会效益。华盛顿非营利机构"从铁路到步道"（Rails-to-Trails Conservancy）经理埃里克·奥伯格（Eric Oberg）表示："在步道上走走，你会看到众生图景。步道上有各种人际互动，这会让人们意识到我们并不是那么不同的。步道有助于提升社区凝聚力，而这正是我们在过去 50 多年中失去的东西。"

步道是集日常活动、体育锻炼和交通于一体的综合系统，让人们体验更健康、更愉悦的生活，同时也能带来经济上的巨大收益。

伊丽莎白·施里夫（Elizabeth Shreeve），索萨利托工作室（Sausalito Studio）主管，美国城市土地学会（ULI）可持续开发委员会主席。本文曾发表于 2014 年 1 月的英文版《城市土地》（Urban Land）杂志上。

景观设计：LDA 景观设计公司 | 项目地点：英国，格拉斯哥

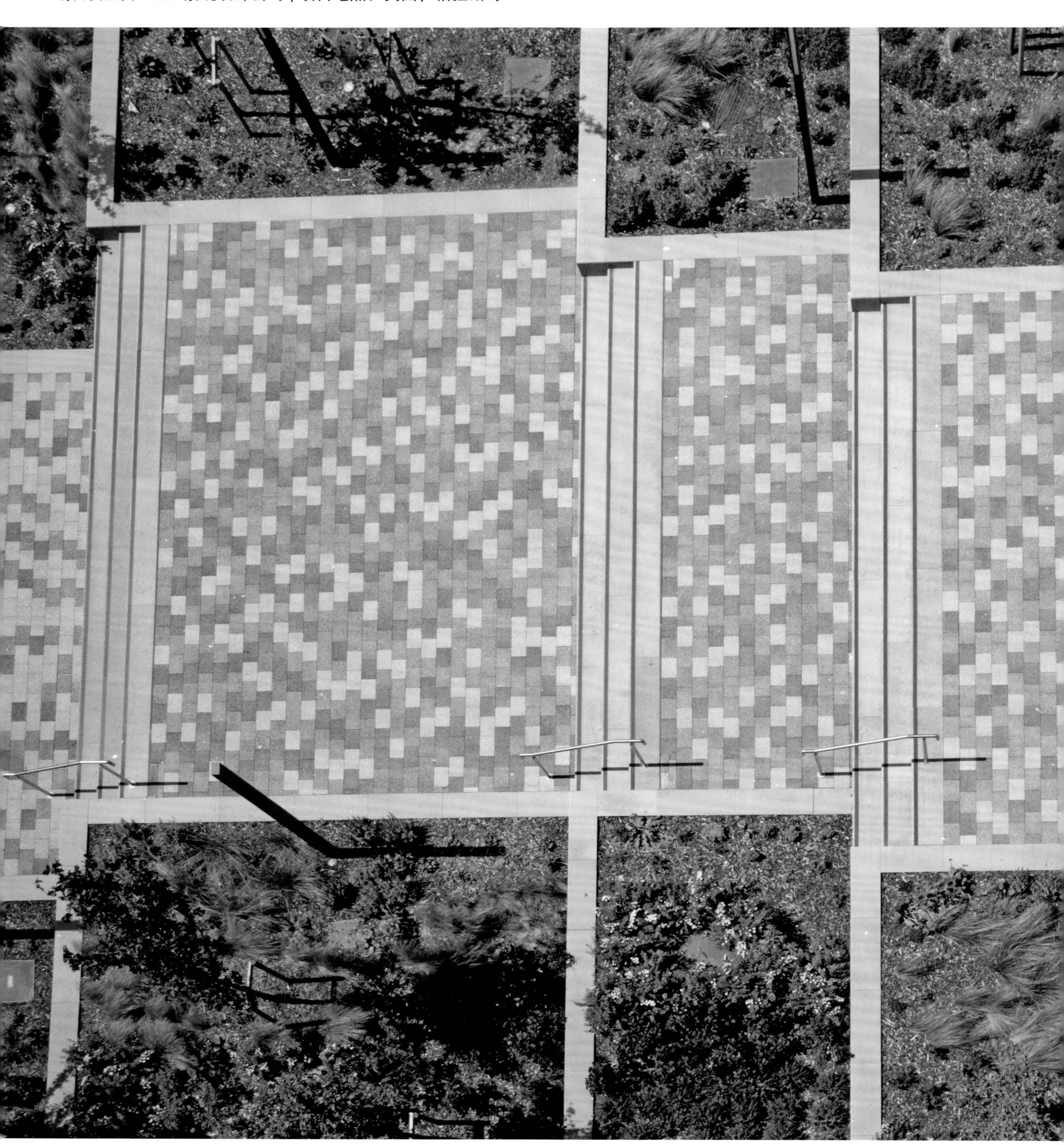

圣文森特广场

街道景观鸟瞰

圣文森特广场（St Vincent Plaza）是英国格拉斯哥市新建街道景观的一部分，旁边是Abstract集团开发的一个现代开发区项目。LDA设计公司（LDA Design）负责这片公共空间的景观设计。格拉斯哥近几年新开发的街道景观不多，这是其中之一，它也将为整个城区的公共景观添彩。

广场上的照明设计是亮点。白天和晚上的圣文森特广场大不一样，呈现出不同的环境特征，大大丰富了城市景观。花池高于地面，里面栽种了各种观赏性树木和灌木，确保广场一年四季的景观多样性和视觉吸引力。

本案也是圣文森特广场办公楼的户外空间。它填补了圣文森特大街、威廉姆大街和希尔顿酒店之间步行区缺失的空白，也是格拉斯哥市中心近年来少有的公共空间开发之一。台地式阶梯广场和绿色空间为格拉斯哥的城市绿化增添了新的一景，为市民营造了更多的开放式空间，让城市开发的脉络之间联系更为紧密，也是城市街道“绿色基础设施”中的重要一环。

轴测图

初期设计理念手绘图

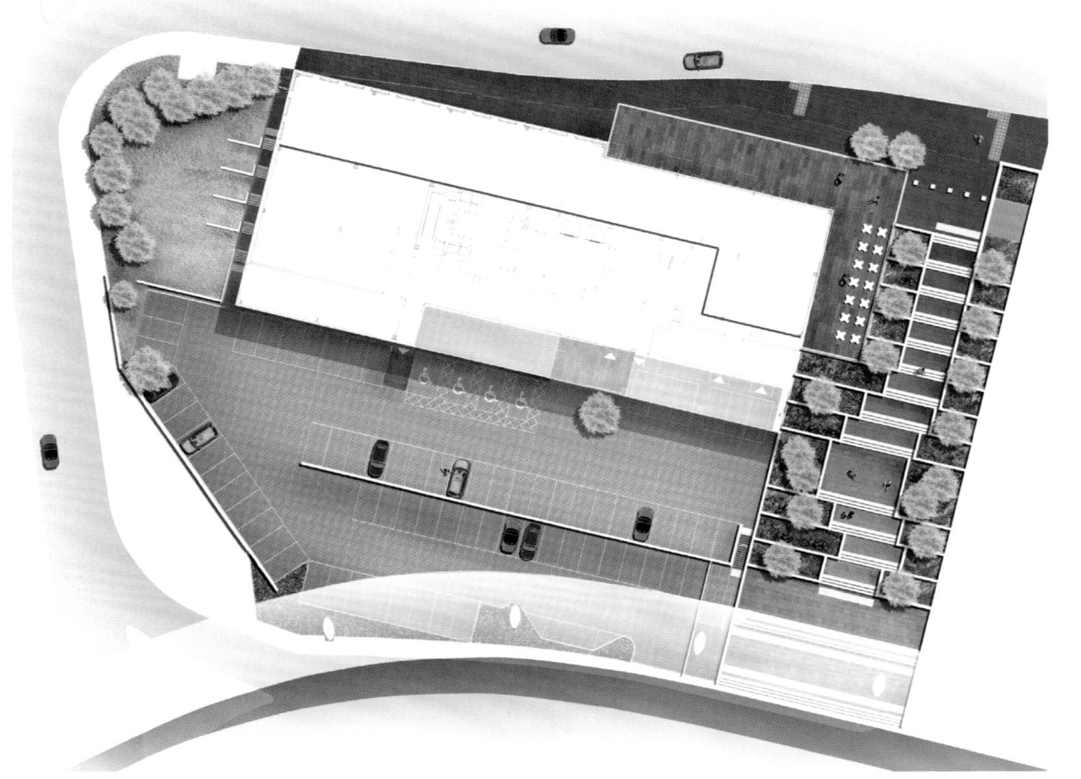

总平面图

项目名称：
圣文森特广场
竣工时间：
2015年9月
面积：
0.6公顷
摄影：
赖安·麦克戈文（Ryan McGoverne）

铺装始于建筑边线

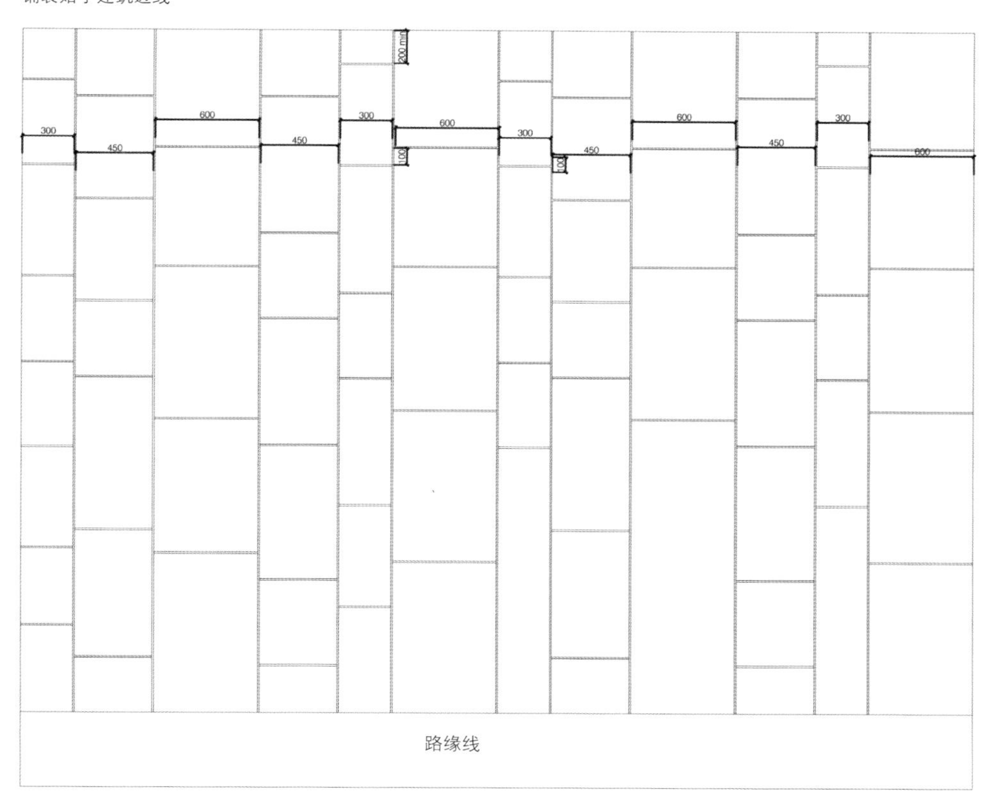

详图 1A
标准地砖铺装，采用凯斯内斯石材，宽度有 300 毫米、450 毫米、600 毫米三种规格，长度随机（不小于 200 毫米）

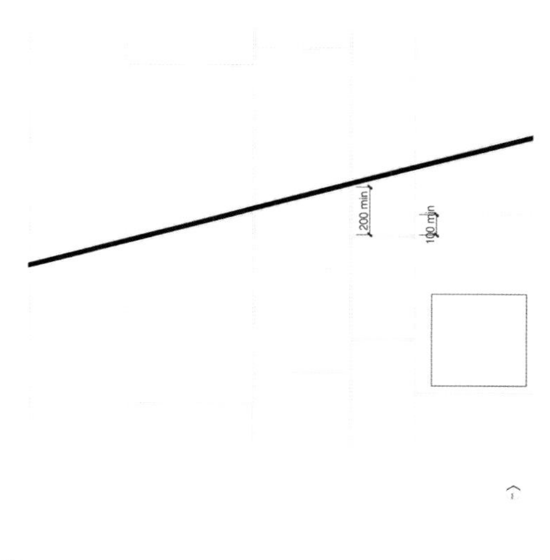

详图 1C
凯斯内斯石材铺装示例（与排水管道相连）
凯斯内斯石材标准铺装，宽度有 300 毫米、450 毫米、600 毫米三种规格，长度随机（不小于 200 毫米）

备注：

- 采用内切方式，确保石板尺寸不会过小（至少 220 毫米）。石板长度不得小于其宽度。两行相距至少 100 毫米，如图所示。
- 接缝处一般为 5 ~ 10 毫米。
- 接缝处选材按照工程师要求

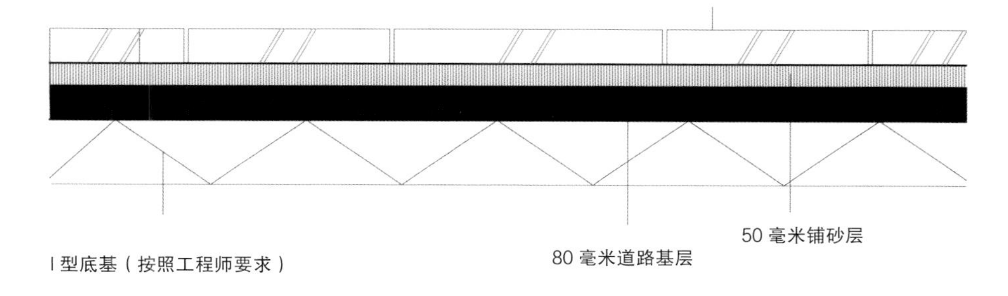

详图 1B
主入口采用凯斯内斯石板
比例尺：1:10

1. 铺装照明效果

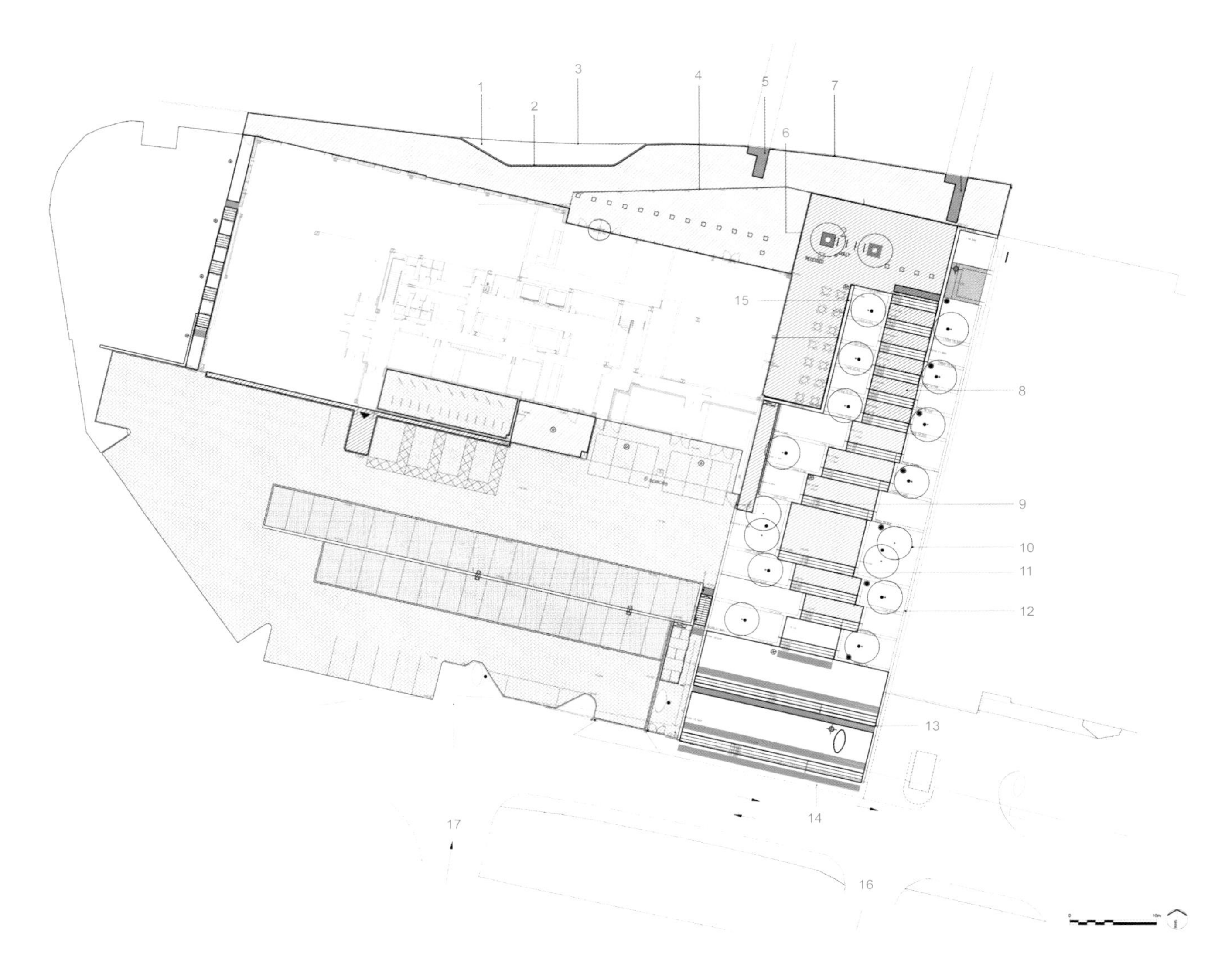

铺装详图

1. 路边铺装设计
2. 125 毫米宽银灰色花岗岩路缘，高于地面 125 毫米
3. 125 毫米宽银灰色花岗岩路缘，与路边地面齐平
4. 线型排水槽
5. 400 × 400 毫米银灰色花岗岩浮凸地砖
6. 50 毫米凯斯内斯石材路缘
7. 125 毫米宽银灰色花岗岩平埋路缘，与路面等高
8. 凯伦石板平台、预浇筑混凝土台阶与带状花池
9. 建筑表皮清洁与维护入口
10. 种植本地树木
11. 排水沟
12. 边界挡土墙；圆角路缘与地面齐平
13. 边界饰面混凝土墙
14. 通向威廉姆街与车辆出入口的小路
15. 平台边缘的挡土墙采用混凝土饰面，顶部采用 1100 毫米栅栏
16. 酒店车辆出入口
17. 酒店车辆应急通路

1、2. 铺装采用凯斯内斯石材搭配花岗岩

详图 1
车辆通行区采用 300 × 200 × 80 毫米凯伦石板
比例尺：1:10

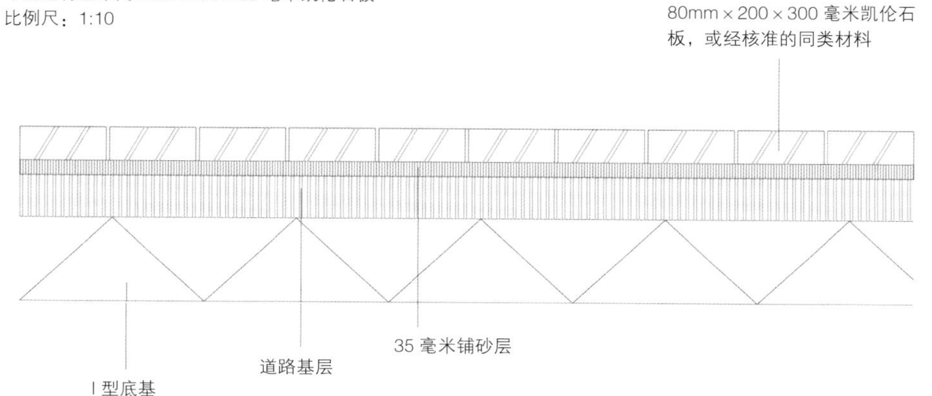

广场边的办公楼是一栋地标式建筑，外立面采用花岗岩和玻璃，这片户外空间的铺装采用凯斯内斯石材（Caithness）和花岗岩。铺装设计采用不同色调的灰，色调的变化让空间看上去更有活力。台地由低到高，色调由深到浅，缓缓递进。地面铺装的色调与建筑外墙相呼应，让这栋建筑更加和谐地融入了周围的公共环境。

台地两边花池高于地面，花池中栽种多种观赏性树木和灌木。这让广场的景观能够呈现出季节的变化，也为办公楼营造了美观的背景环境。此外，灯光也为这个台地式广场增添了光彩与活力，白天和夜晚赋予其不同的特色，正如植被在不同的季节里改变着广场的形象。

详图 2
步行区采用 300 × 200 × 80 毫米凯伦石板
比例尺：1:10

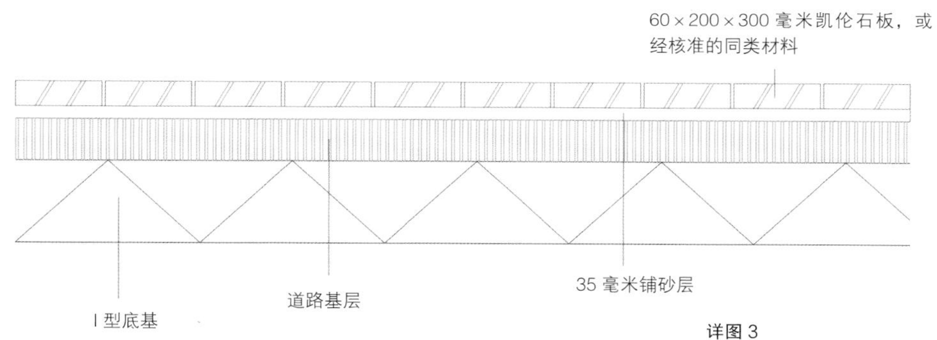

详图 3
300 × 200 毫米凯伦石板，或经核准的同类材料；铺装手法：顺砖式砌合
比例尺：1:10

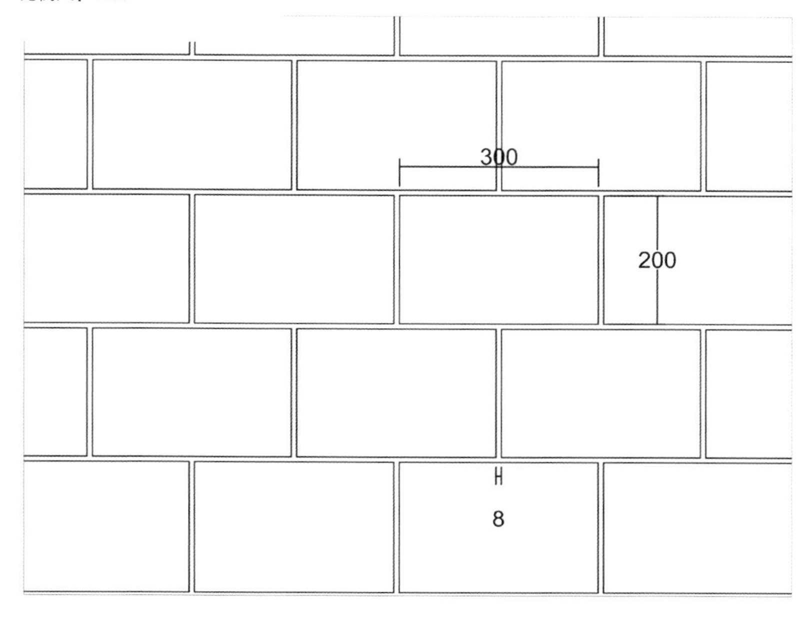

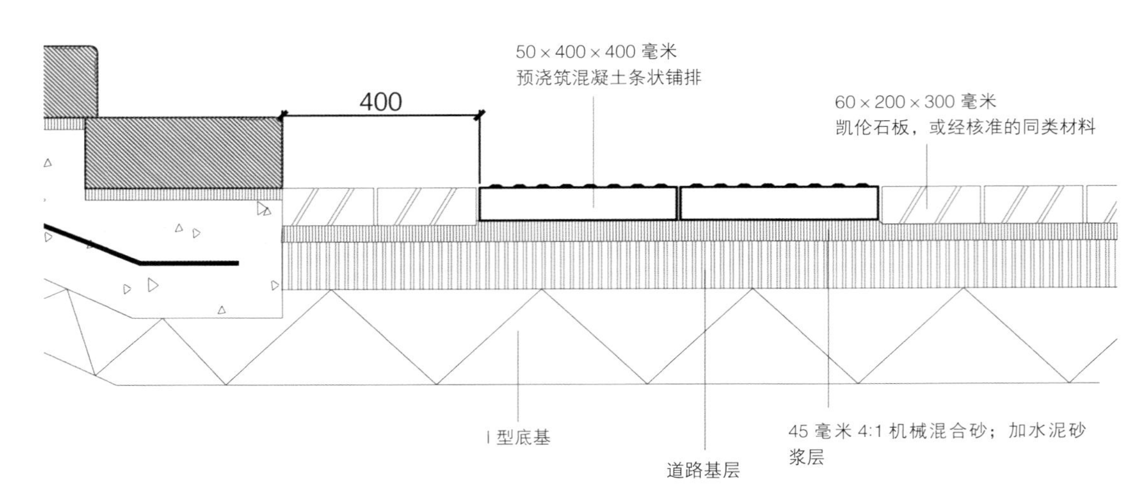

详图 1A
台阶浮凸地砖
比例尺：1:10

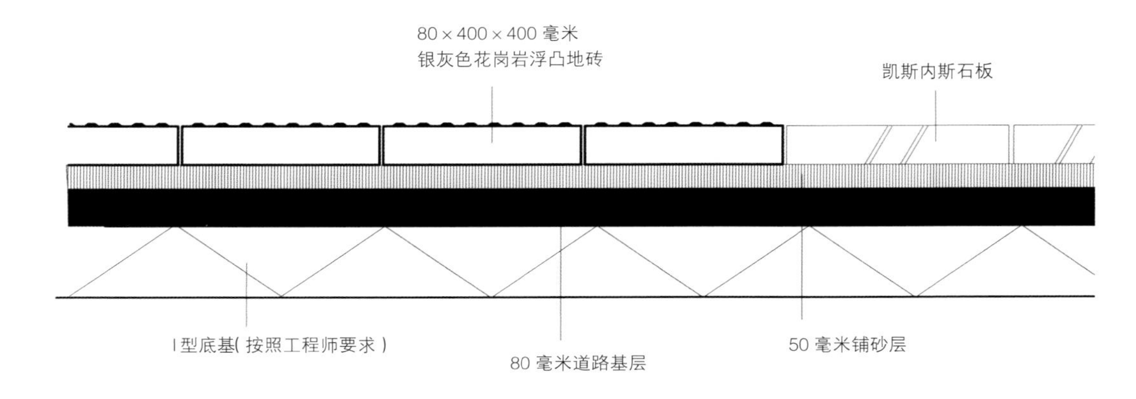

详图 5B
交叉路口浮凸地砖
比例尺：1:10

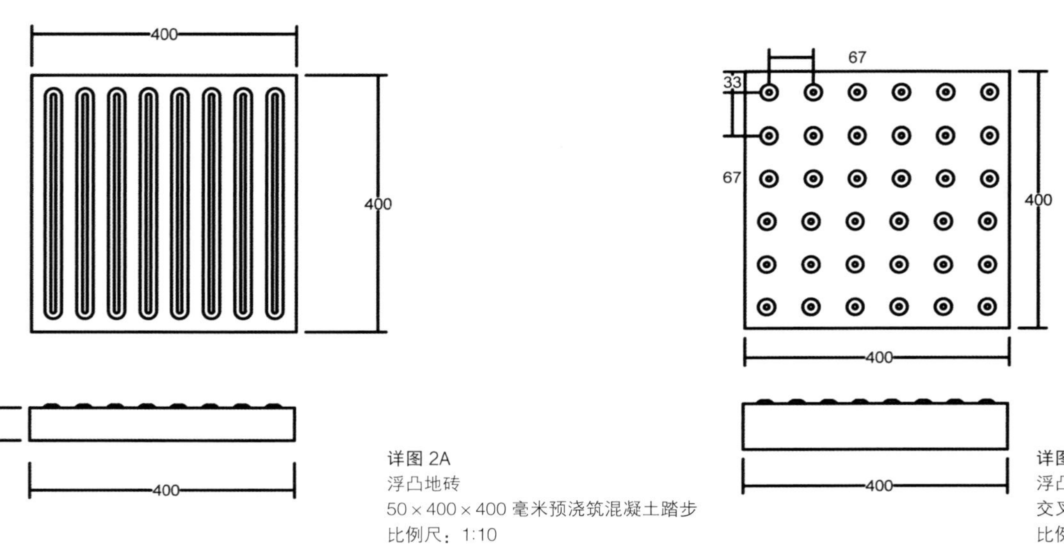

详图 2A
浮凸地砖
50 × 400 × 400 毫米预浇筑混凝土踏步
比例尺：1:10

详图 4B
浮凸地砖
交叉路口采用 400 × 400 毫米银灰色花岗岩地砖
比例尺：1:10

1. 不同色调的灰色铺装让环境更有活力

1

景观设计：澳派景观设计工作室 | 项目地点：中国，安徽，合肥

合肥万科“城市之光”

通常，大型都市商业体给人一种身处混凝土丛林一般的感觉，但澳派在安徽的最新项目则展示了，精心设计的都市景观不仅可以利用场地周边的绿色资源，更能增强人们与自然和商业环境的互动。

受合肥万科事业部的委托，澳派为其地标性的“城市之光”项目提供景观设计服务。该项目集购物中心及高层办公楼为一体，位于中国安徽合肥市，在其南面有一条小河，流淌于商业体和周边住宅区之间。合肥天气干燥，当地人非常喜欢来到河边休息放松或聊天聚会，因此景观设计特别注意到了这一传统。

澳派和业主团队密切合作，创造了一系列以人为本的体验和功能，以满足社会和商业需求。

设计灵感来源于当地这条流淌的河流，通过灵动流畅的曲线增强体验感受、鼓励人们活动、促进场地便利性。

铺装组成的流动线条形成空间韵律，引导人们进入场地的不同空间。澳派还通过3D技术对设计进一步研究，让视觉效果最大化，打造自然的感觉。

1. 商业街鸟瞰
2. 标准方砖拼接出蜿蜒曲线

2

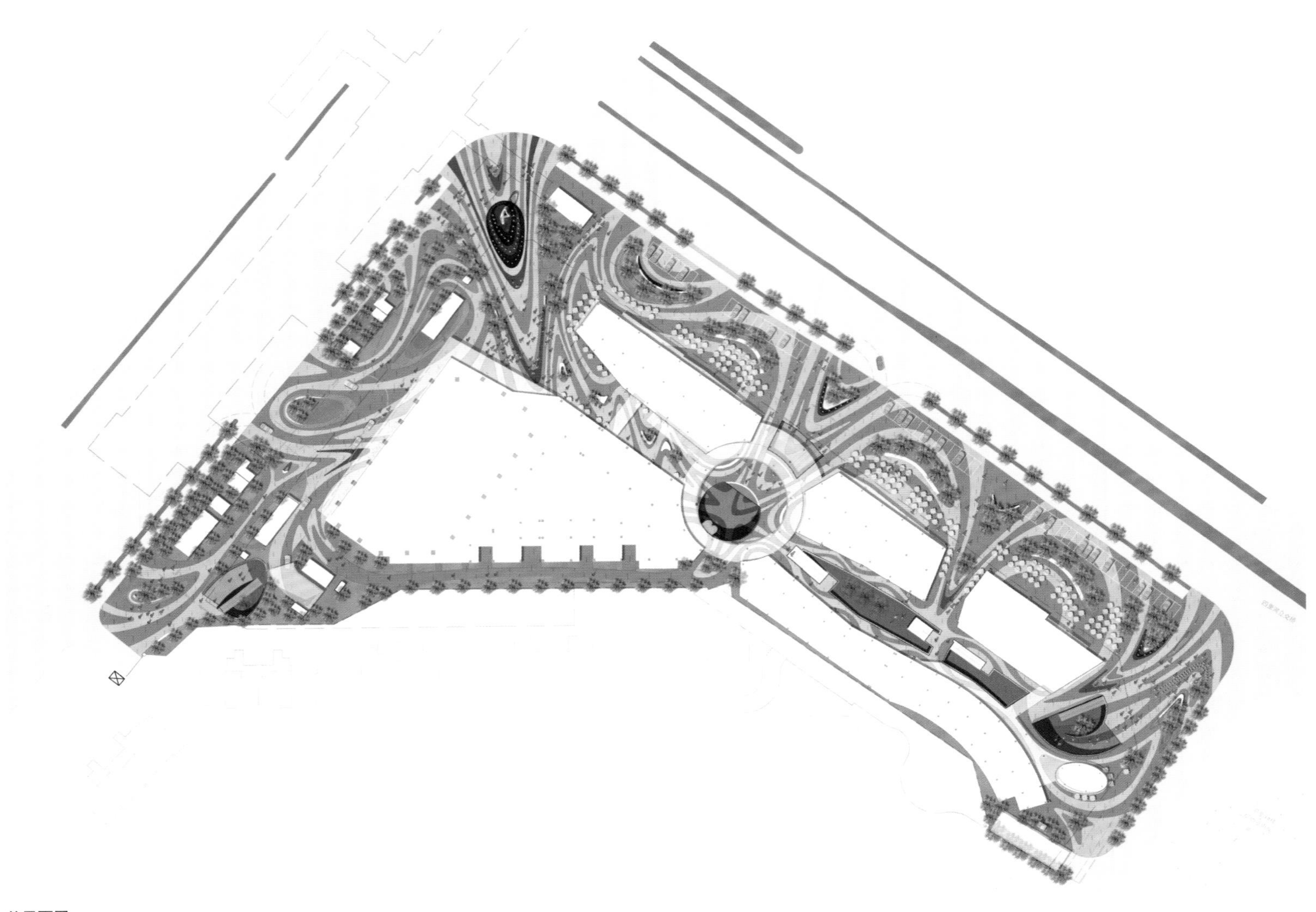

总平面图

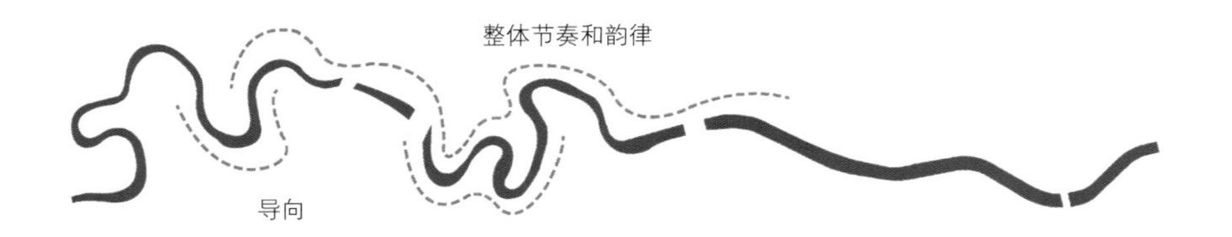

河流现状

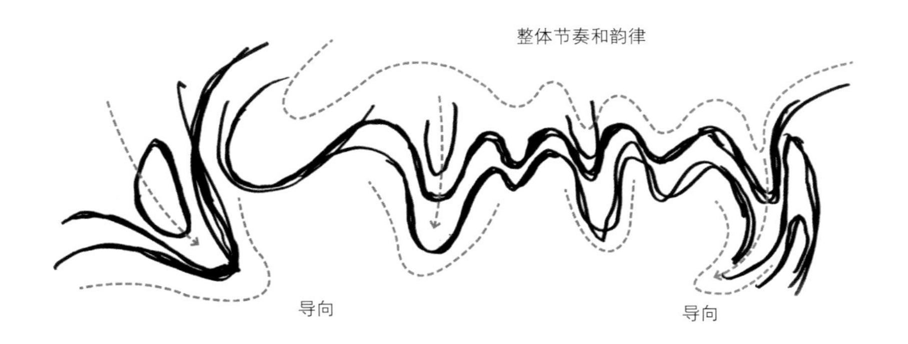

设计草图

设计灵感

项目名称：
合肥万科“城市之光”
竣工时间：
2016年
面积：
33,200平方米
业主：
合肥万科事业部
摄影：
王睿

用地内包含绿色公共空间、充满人气的商业街和极具吸引力的公共广场。此外，还有两个主入口广场，用于举办活动和聚会，并配以具有互动性的水景喷泉和公共艺术品。植物、灯光和水景则进一步将自然环境融入商业街中。

景观不仅为人们融入热闹的商业氛围提供了充足的机会，更在商业环境中营造了自然感。中心广场以垂直花园和露台空间为特色，攀爬和悬挂植物为这些空间添加了生机。商业内街设计了流畅的绿岛以及大量的座椅，供人们休息或交谈。

通过对标准铺装模块进行组合，设计实现了流畅的曲线效果。设计团队在施工现场指导施工人员，确保以最高的品质实现项目愿景和细节。

近期，该项目一期已建成并成功向公众开放，二期预计于今年完成。“城市之光”项目为社区提供了在绿色都市商业体中感受丰富的环境体验的机会。这是一个为公众打造的既热闹又别具魅力的商业中心。

1. 铺装设计营造出空间的韵律，流畅的线条指引人们去到不同的地方
2. 设计融合了商业环境与自然环境，营造出独特的都市休闲空间

1. 效果图
2、3. 铺装特写
4. 铺装形成的图案与花池的造型相呼应
5. 好的城市景观不仅尊重周围的绿化环境，而且会影响到人们的生活方式

景观设计：Surfacedesign 表面设计 | 项目地点：美国，夏威夷，火奴鲁鲁

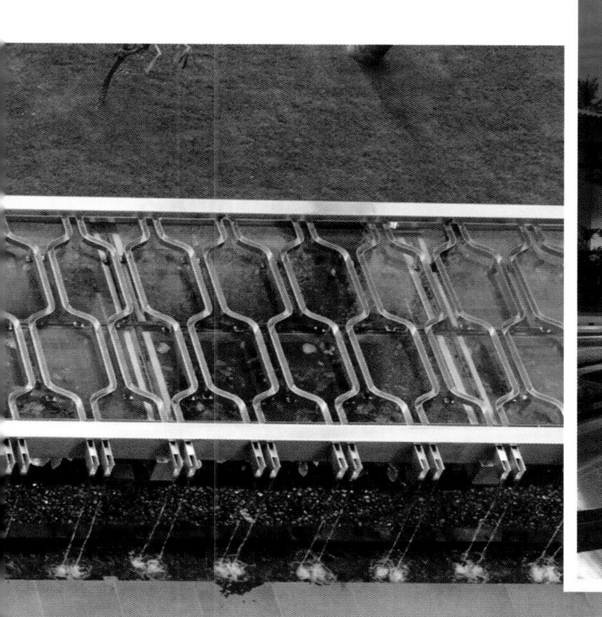

火奴鲁鲁IBM户外景观

项目概述

火奴鲁鲁 IBM 公司这栋大楼历史悠久，由夏威夷著名现代建筑师弗拉基米尔·奥斯波夫（Vladimir Ossipoff）设计，外立面风格非常现代，前庭景观的设计也延续了这一风格，旨在表现现代夏威夷建筑特有的现代风情。景观设计抓住了夏威夷的环境特色，为火奴鲁鲁中心占地 24 公顷的整体开发打下基础。

设计详述

景观紧扣奥斯波夫的建筑设计。地面铺装、水景和建筑外立面呈现出相似的图案。原来的户外环境并未充分开发利用，奥斯波夫这栋美丽的建筑一直处在柏油停车场的环境中。此次，楼前新建了门廊，这是夏威夷特有的建筑形式，从门廊里能看到前庭的全景。前庭是开放式布局，使用灵活，能满足活动和日常所需，也是一个跟喧嚣的都市环境隔离的静谧之所。线性水景仿佛一道屏障，阳光下，水面上波光粼粼，呼应了远处

1、2. 铺装设计向奥斯波夫的建筑立面设计致敬

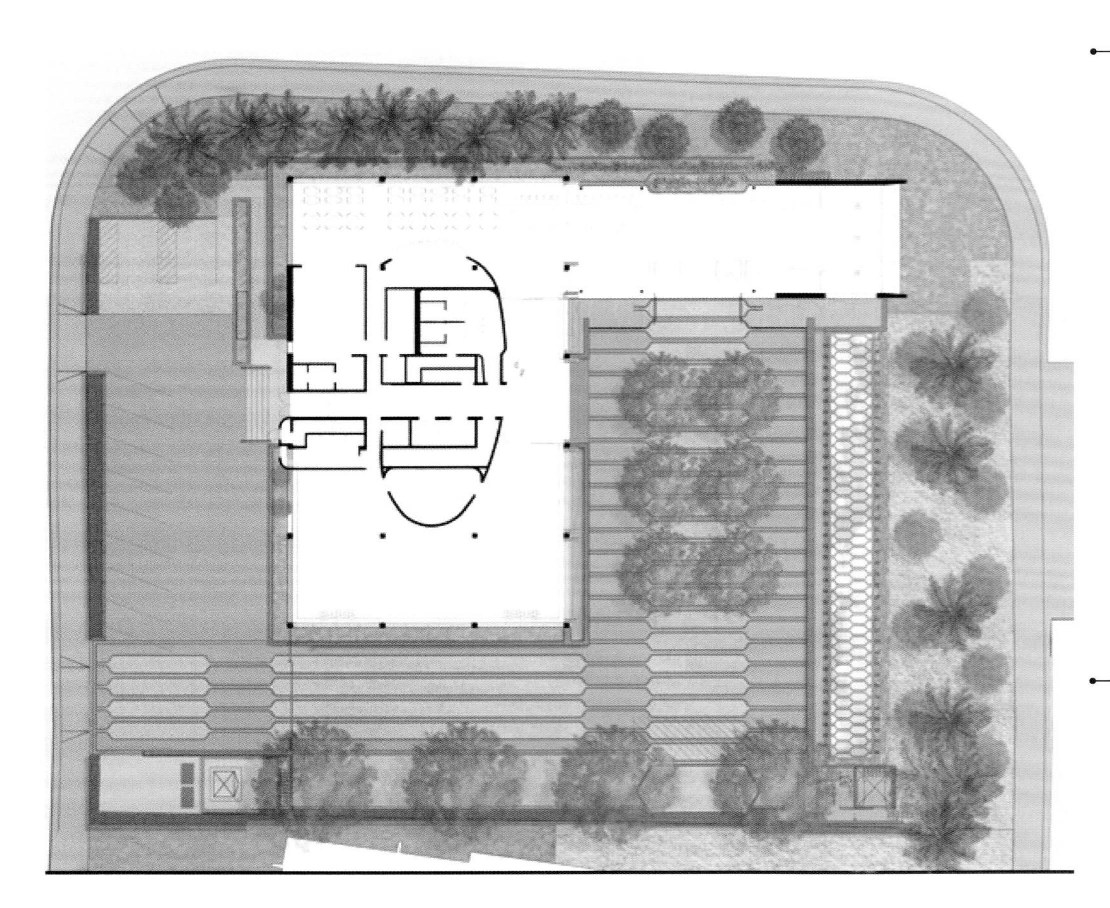

总平面图

项目名称：
火奴鲁鲁IBM户外景观
竣工时间：
2014年
当地景观设计单位：
理查德·奎因（Richard Quinn）/HHF规划公司（Helber Hastert & Fee）
建筑设计：
伍兹·贝格设计咨询公司（Woods Bagot）
项目管理：
纳特·史密斯工作室（Nate Smith Studio）
工程设计：
莱德·阿扎马（Ryde Azama）
喷泉装配施工：
温德尔·李（Wendell Lee）/太平洋水景设计（Pacific Aquascapes）
摄影：
马里恩·布伦纳（Marion Brenner）

1

2

的大海。铺装的石材采用当地火山岩，让环境更具地域特色。石材经过打磨处理，亚光表面在阳光下极具质感；又经过煅烧，从上向下看时能看到闪烁的微光；最后还要将表面凿打得凹凸不平。

铺装区域的图案既与建筑外立面相呼应，又富于变化，给人新鲜感。硬景观与草坪相结合，造型使人想起沙滩上排成一排的冲浪板，植物的选择借鉴了当地的自然生态环境。

景观设计不仅紧扣建筑周围的环境，还兼顾了夏威夷的文化和传统。设计师特意找了一些夏威夷本地人，听他们讲述当地的传统和历史。根据夏威夷人的传统文化，是地母和天父孕育出了芋头，然后又孕育了人类来照顾芋头——芋头被视为夏威夷的生命支柱。设计师将这种神话传说以隐喻的手法在设计中表现出来：天父之光通过水景底部的玻璃反光，照护着芋头和大地母亲。

水景的形象与用地环境紧密相关，也呼应了周围的海洋和头顶变幻的天空。水景是让人们更好地感知这栋建筑的一种新的手段，阳光在水面上反射，建筑的形象倒映在水面上，随着水波微微荡漾，让建筑和景观融为不可分割的一体。水景是隔绝了噪声和视线的双重屏障。白天，越过阿拉莫阿纳林荫道（Alamoana Boulevard），你能看到拍打着沙滩的波浪。到了夜晚，又是另外一番景象，一系列钢质水渠在照明的烘托下，造型更加引人注目。水渠一端跳跃的水流注入一条小小的“护城河”，环绕着整个空间，看上去使人觉得仿佛这个庭院飘浮在空中一样。

植物和石材的使用以极简主义的手法表现了夏威夷景观的精髓。夏威夷特有的骄阳通过不同的媒介体现出来：水、玻璃、金属和植物。本案的景观设计抓住了周围环境的特点，不论日出还

1、2. 水景边缘采用一系列排水口，营造瀑布效果

1

2

是日落，细雨绵绵还是阳光普照，这个小小的庭院都能呈现出别样的景致。这是夏威夷第一个全部采用当地植物的现代景观设计，让人在城市环境中就能体验夏威夷的自然生态之美。同时，设计也将夏威夷的自然、历史和文化融入环境之中，为这片区域未来的开发打下基础。

3

4

5

1. 同种火山岩，呈现出三种质感
2. 水景
3. 铺装特写
4、5. 水景是前庭的屏障

景观设计：株式会社 Landscape Design | 项目地点：日本，东京

中野中央公园南部

中野中央公园南部（Nakano Central Park South）位于东京中野区，是一个大规模改造工程的一部分，由LD景观设计公司（Landscape Design Inc.）操刀设计。

中野公园总面积约1.5公顷，位于这个改造工程区域的中央，周围有公共建筑、办公楼、公寓楼、大学校园和商铺。本案的设计用地位于这座公园的南侧，设计初衷是将高层办公建筑和公园衔接起来，打造出标志性的景观环境形象，同时也为附近居民提供人性化的休闲环境。

建筑师与景观设计师通力合作，实现了建筑与景观的亲密交融，室内室外融为一体，从办公楼大堂到花园，形成流畅的空间体验。设计保留了用地上原有的树木，进行了移栽。这些树木非常高大，树冠的高度在20米以上，连绵成一片天然的遮篷，让公园的环境自然地过渡到办公楼，形成一个和谐的整体环境。负责各个区域的景观设计师彼此合作，整体环境呈现出相同的设计语汇。

从建筑到公园之间是一片开放式空间，地面铺装从硬质石材逐渐过渡到草坪，两者和谐一体，无缝衔接。主街的铺装采用了透水的咬合式地砖，能够蓄存雨水，进而缓解这个街区的“城市热岛效应”。铺装区域一直延伸到旁边的大学，形成一条清晰的轴线。

公园南部鸟瞰

1

2

项目名称：
中野中央公园南部
设计团队：
石川初(（株式会社Landscape Design 已离职）
永石贵之(株式会社Landscape Design)
田中喜一(Equipe-Espace设计公司)
委托客户：
中野站区域开发部
面积：
23,835平方米
摄影：
解良信介(Urban Arts)
铺装材料：
花岗岩、庵治石材、咬合地砖（透水）、木板

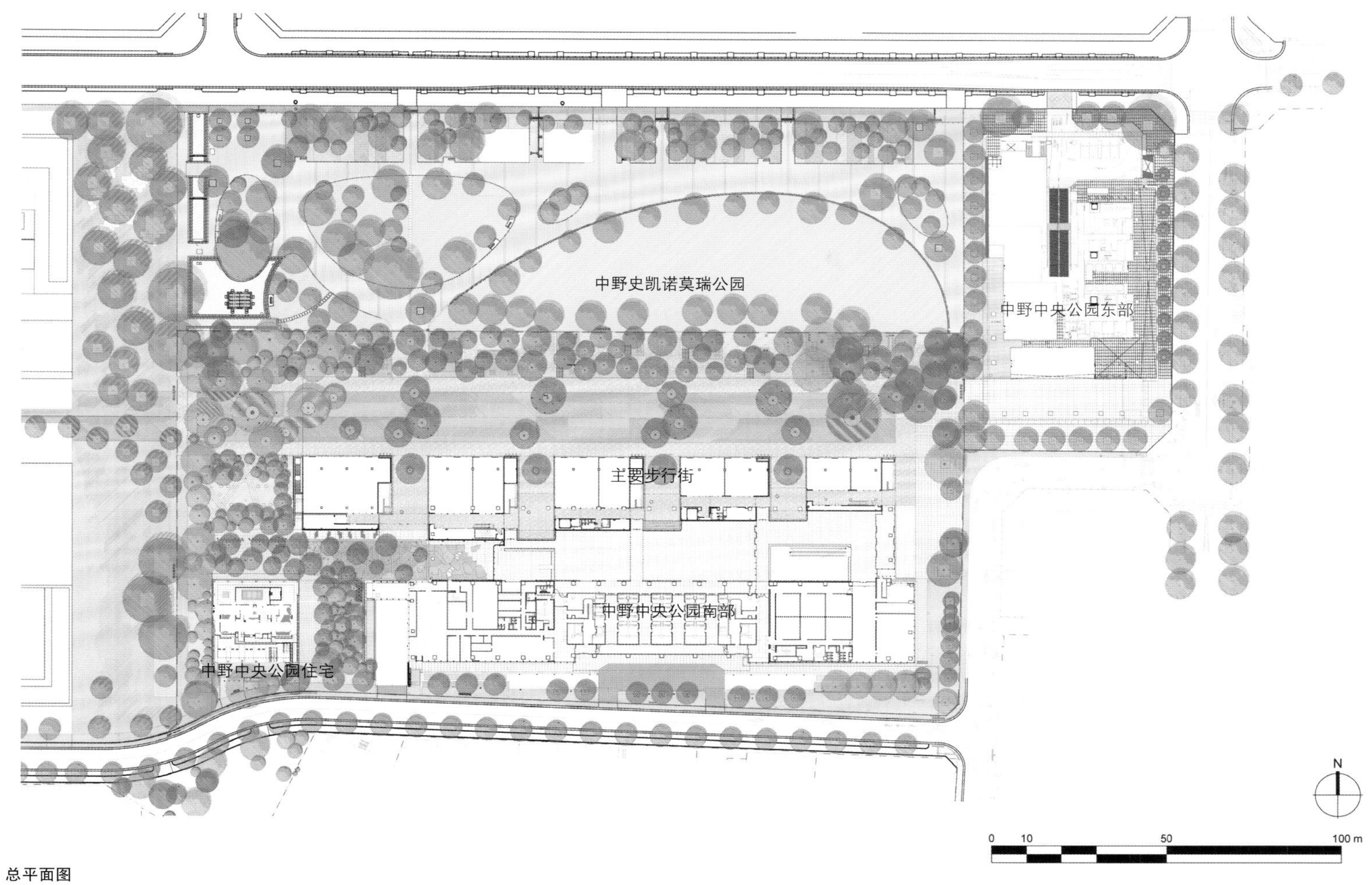

总平面图

1. 与住宅内部连续的石材铺装
2. 阳光照射下树影映照在铺装面上
3. 石材的艺拼铺装随着时间推移更加细腻精致
4. 通过烧结砖的铺装样式展现散步道的方向轴线
5. 作为石材铺装与地被植物之间缓冲的砂砾铺装

3

4

5

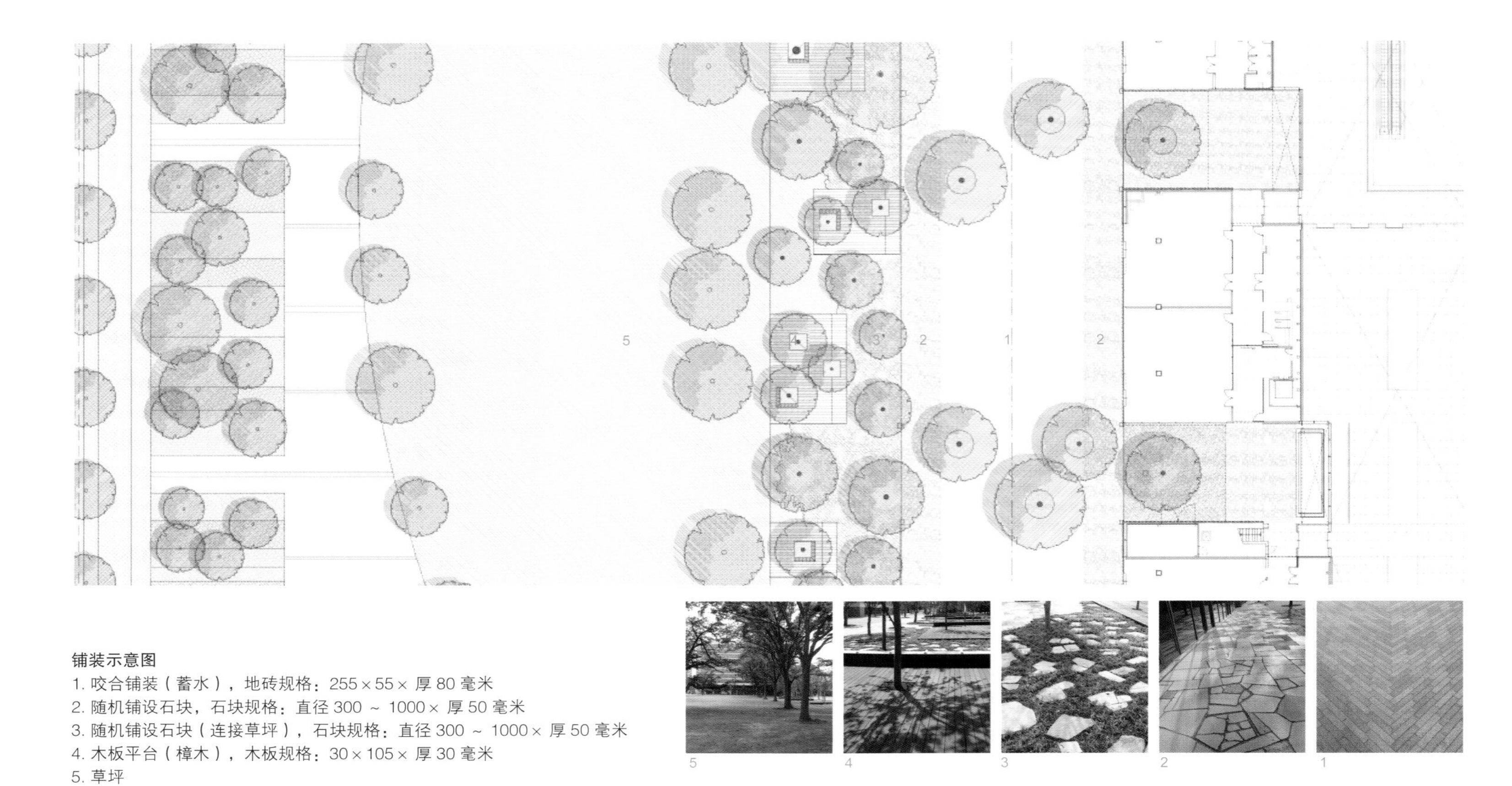

铺装示意图

1. 咬合铺装（蓄水），地砖规格：255×55× 厚 80 毫米
2. 随机铺设石块，石块规格：直径 300 ～ 1000× 厚 50 毫米
3. 随机铺设石块（连接草坪），石块规格：直径 300 ～ 1000× 厚 50 毫米
4. 木板平台（樟木），木板规格：30×105× 厚 30 毫米
5. 草坪

1

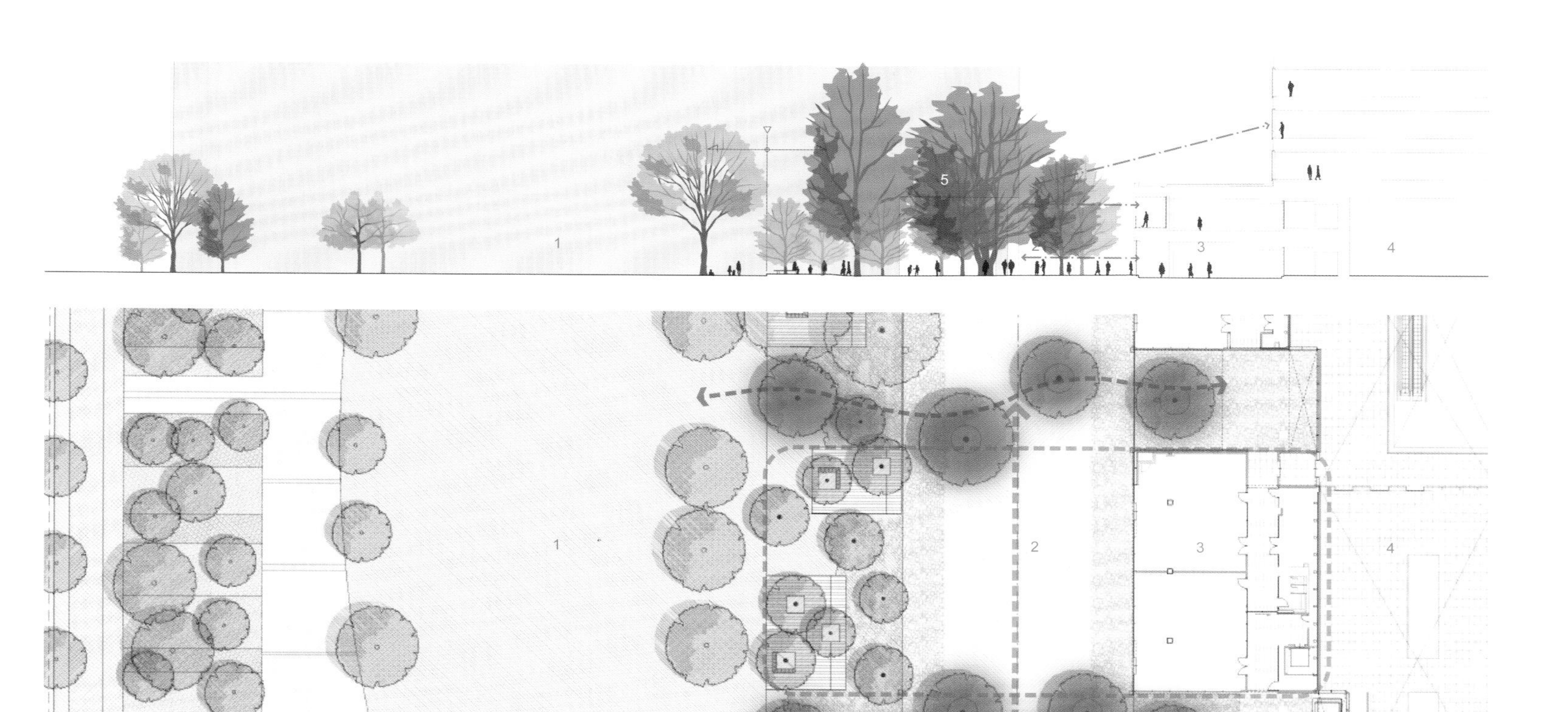

1. 与相邻公园景观相调和的木制铺装与入户前的石材艺拼
2. 休息场所的木制铺装
3. 使用了存在感强的庵治石的庭院空间

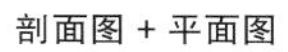

剖面图 + 平面图
1. 公园
2. 散步大道
3. 商铺
4. 办公楼大堂
5. 原有树木

2

3

景观设计：MD 景观事务所 | 项目地点：荷兰，布劳韦斯塔德

港口鸟瞰

布劳韦斯塔德港口

本案是围绕荷兰格罗宁根省布劳韦斯塔德港口（Blauwestad Harbor Quarters）码头建筑展开的景观规划，由MD景观事务所（MD Landschapsarchitecten）操刀，设计目标有两个：一是吸引游客，二是改善当地的生活环境质量。如今，这个港口已经成为当地重要的游客集散中心。未来，住宅区建成以后，这一区域将成为布劳韦斯塔德的城市核心。港口公共空间的设计以上述两个目标为出发点。

码头与散步大道

Havenkwartier码头有130条船，停靠在5个硬木码头上。码头的木板道直接与散步大道相连，后者衔接着码头和建筑。未来，这条宽阔的大道可以作为住宅区内的街道。散步大道的宽度和设计能满足多种使用功能，将公共空间与私人空间分隔开来。

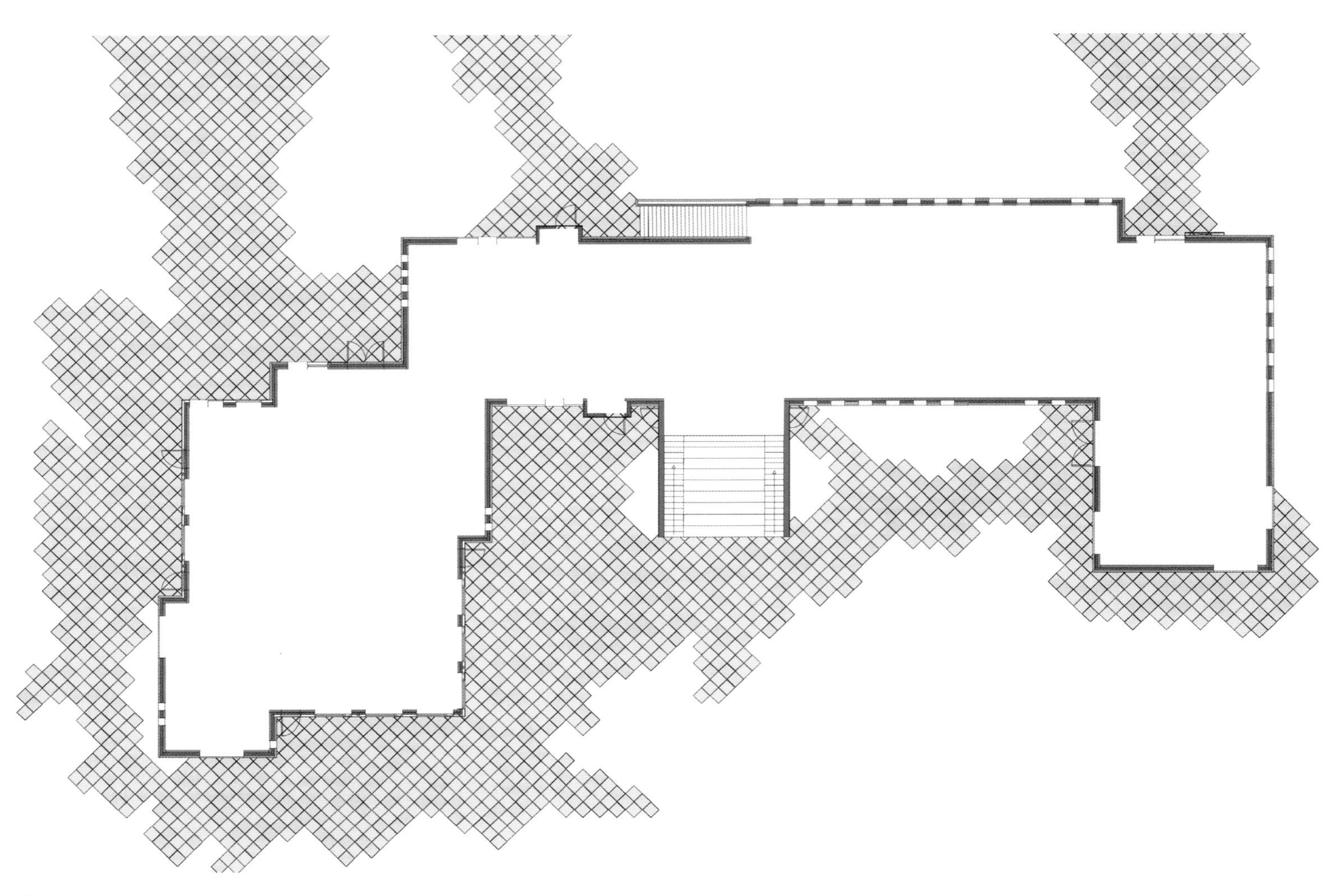

铺装平面图

项目名称：
布劳韦斯塔德港口
竣工时间：
2014年
设计团队：
麦勒·范迪伊克（Melle van Dijk）、马西斯·迪克斯特拉（Mathijs Dijkstra）、马克·德弗里（Marc de Vrij）
委托客户：
格罗宁根省奥尔丹特市政府
面积：
3公顷
摄影：
麦勒·范迪伊克

1. 桥梁一直通到河对岸
2. 木板铺装
3. 铺装图案

2

铺装设计

码头建筑的户外空间，景观设计的风格介于花园与沙丘景观之间。铺装区域流畅地融入景观环境，步道和平台融为一体，让空间的使用更具灵活性，你总能在这里找到避风的一角。

地砖尺寸较大，与建筑呈 45 度角铺设，将平台与建筑分开。这种貌似随意的布置让人有一种如同坐在沙丘环境中的感觉。色调使用沙色和灰色，越发凸显沙丘的感觉。

3

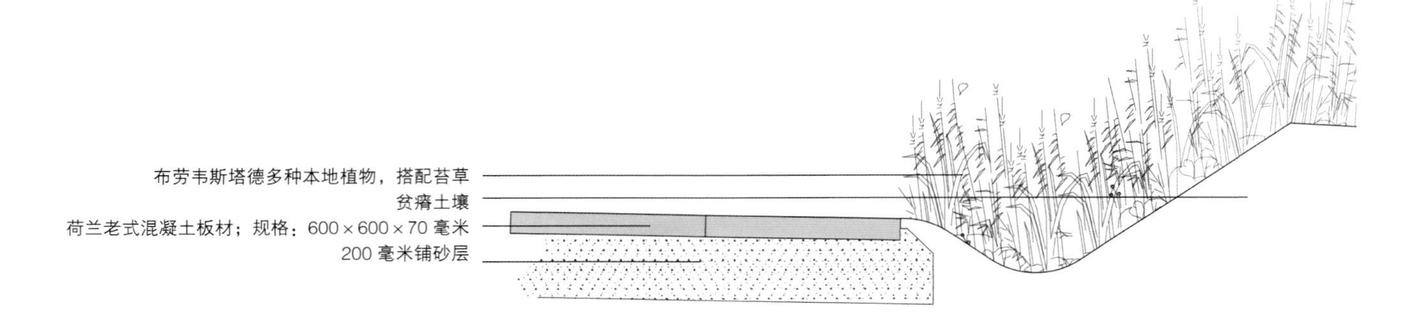

铺装详图

步行桥与沙滩

散步大道连接着一条 100 米长的木质步行桥，行人和自行车可以在桥上通行。步行桥的木板道很宽敞，流畅地将游客引至海边的沙滩。沙滩设计成一个半封闭的海湾的形式，从这里可以欣赏码头的风景。沙滩的位置极佳，从码头上就能看到，与码头周围的住宅区直接相连，凸显了这片区域的专属性。同时，这样的位置也让未来住宅区的居民与游客对这个环境的使用不会发生冲突。

码头建筑户外空间——设计

码头建筑在散步大道边，是整个码头区的中心。建筑的功能包括卫生间、码头管理办公室、航海主题商店和餐饮等，为码头和沙滩提供必要的服务。

码头建筑的户外空间设计风格介于花园与沙丘景观之间。离码头建筑最近的空间直接设计成连绵的平台，让建筑与公共空间之间的衔接显得自然而和谐。因此，建筑内为游客以及未来为住宅区居民服务的功能区显得更易接近。开放式的设计能够保证适应未来建筑功能的变化。

码头建筑户外空间——绿化

码头建筑户外空间的绿化包括松树以及树下的多年生植物。植物的选择借鉴了瓦登海（Wadden Sea）的自然景观和沙丘植被。这进一步提升了码头作为旅游景区的环境质量。大片的绿色植物营造出大自然一般的环境。住宅区竣工后，建筑之间的空地上也将采用相同的景观。

通过上述设计，本案成功实现了旅游景点与居民区双重功能的完美融合。

1

2

3

4

1、2. 混凝土铺装与岛状绿化区
3. 散步大道边的屋顶绿化与地面绿化
4. 从海滩上遥望木桥与港口

总平面图

1

景观设计：克劳德·科尔米耶景观事务所 | 项目地点：加拿大，蒙特利尔

多尔切斯特广场

蒙特利尔多尔切斯特广场（Dorchester Square）重建一期工程充分尊重广场将近300年的历史。广场的整体设计灵感来自维多利亚景观。设计内容包括对广场上四个文化纪念遗址的修复，都是蒙特利尔城市形象的代表，此外还有圣－安托万公墓（St-Antoine）的重建，让广场恢复了它应有的历史地位——纪念1867年加拿大联邦化的重要场所。

重建之前，广场已经年久失修，形象大受影响。空间视野不好，视线受阻；树木品种杂乱无章；草坪上出现了踩踏出来的小路；座椅等公共设施各式各样，没有统一的标准。多尔切斯特广场象征着蒙特利尔的黄金时代，重建设计旨在使其重拾昔日的荣誉和地位，再次成为重要的城市地标，营造出独特的城市公共空间。重建后，广场的使用人数剧增，证明了重建设计的成功。

环境

多尔切斯特广场与加拿大广场（Place du Canada）重建的总体规划由克劳德·科尔米耶景观事务所（Claude Cormier Architectes Paysagistes Inc.）与卡迪纳尔·哈迪集团（Groupe Cardinal Hardy）合作完成。重建工程总共分四期。一期工程于2010年竣工，占原广场面积的75%。其他三期工程将于几年后完工。

历史

景观遗产

为纪念1867年加拿大联邦化，蒙特利尔作为当时刚刚成立的加拿大联邦的首府，修建了多尔切斯特广场，用于举办庆典活动，作为重要的政治、文化交流场所。当时的一些政治组织名义上还在英国统治之下，“主权党”是其中之一，这个广场便被命名为“主权广场”。广场当时的规划、体量、景观以及使用（作为中产阶级的休闲场所），都代表了当时的文化风貌。可以说，这个繁盛一时的花园广场是维多利亚时代蒙特利尔的象征。1966年，南侧的广场重新命名为加拿大广场。1987年，北侧又命名为多尔切斯特广场。南北两个广场是蒙特利尔黄金广场区（Golden Square Mile）的代表。

考古遗产

18世纪末，广场上修建了两座公墓。如今，多尔切斯特广场和加拿大广场的地面下有6万多个坟墓。

建筑遗产

主权广场周围的古老建筑见证了广场当时的繁盛，反映了蒙特利尔的经济、宗教和语言发展变化的风貌。虽然经过了几个世纪，周围环境仍然有丰富的遗产保存下来，从广场周围各式风格的建筑中就能见出：天主教大教堂、新教教堂、火车站、银行、摩天大楼等，见证了加拿大的历史和建筑的发展。

多尔切斯特广场设计

城市形态

设计重新规划了道路体系，改变了街道和步道的宽度，倡导更符合可持续理念的交通方式，包括在皮尔街（Peel Street）上增加了一条自行车道。

材料

步道的地面统一采用黑色花岗岩，但石材表面的处理呈现出多样化。地面反射光线，带来活力四射的视觉效果，让广场内的步道非常醒目。黑色带有历史的维度，赋予空间一种厚重的氛围，而旁边人行道的白色铺装则是典型的现代市区环境。两者形成鲜明的视觉对比，突出了材料的差异，强化了景观体验。从白色到黑色，两种“硬景观”的衔接清晰地标示出广场的入口。

1. 深色与浅色花岗岩拼接，在阳光的照射下，丰富了广场地面的质感
2. 雕塑

2

总平面图

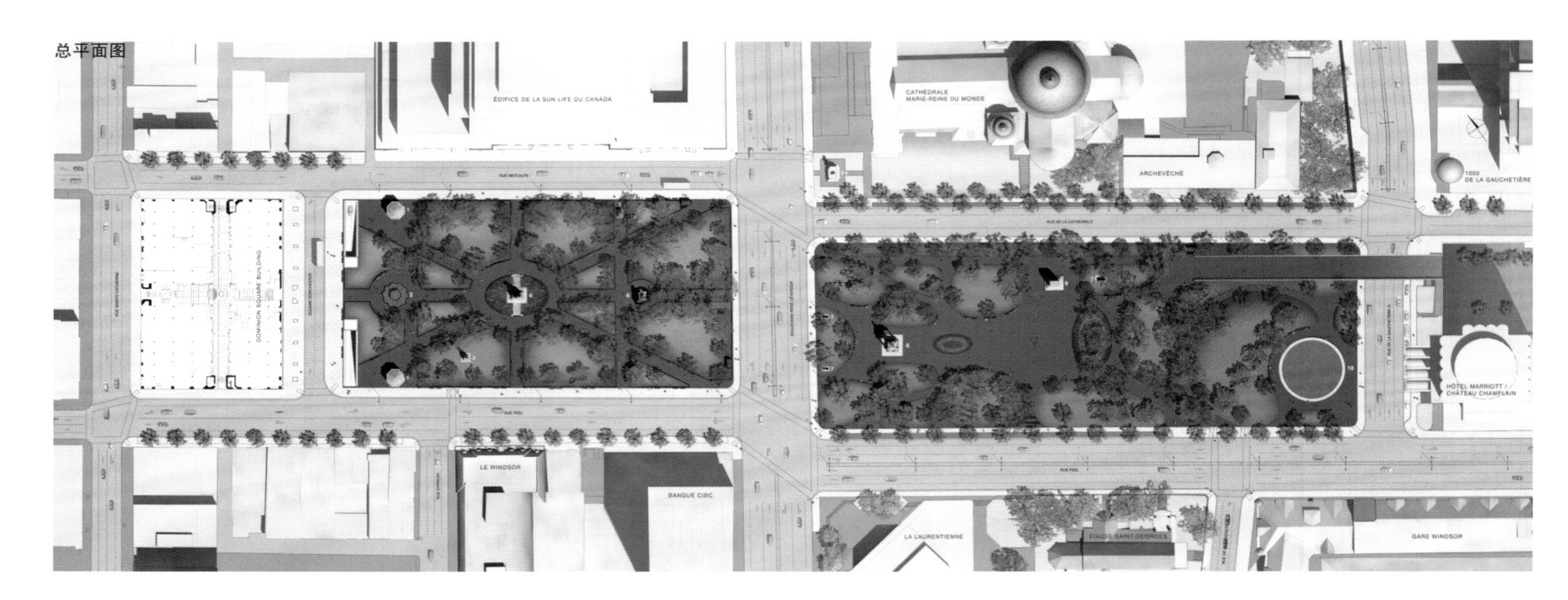

1

项目名称：
多尔切斯特广场
竣工时间：
2010年
委托客户：
蒙特利尔文化部
摄影：
马克·克莱默（Marc Cramer）、苏菲·博杜安（Sophie Beaudoin）、伊莎贝拉·吉埃松（Isabelle Giasson）、娜塔莉·盖兰（Nathalie Guérin）

1. 散步大道两边设置长椅
2. 广场中设置大型花池
3. 块状草坪

十字象形图

为纪念广场上古老的公墓，设计特别采用了一种带勾的拉丁十字架。这是为本案专门设计的图案，造型来自地图上表示公墓的图示。铺装地面上错列分布了 58 个这样的十字架，未来还计划在加拿大广场上布置 100 多个。

纪念遗址

设计包括四个文化纪念遗址的修复，包括：英布战争（Boers War）英雄纪念遗址、第七任加拿大总理威尔弗里德·劳雷尔爵士（Sir Wilfrid-Laurier）纪念遗址、苏格兰诗人罗伯特·彭斯（Robert Burns）纪念遗址以及贝尔福石狮（Belfort Lion）。其中，劳雷尔爵士纪念遗址新修了纪念碑，采用黑色花岗岩巨石打造而成，是一个直径 6.7 米的圆盘结构。

树木

设计对广场上古老的落叶乔木进行了修剪，让树冠更透光一些。充足的阳光透过叶片洒在地面上，保证了草坪的生长。

草坪

广场上的几块草坪设计成土坡的形式，这是 19 世纪 70 年代园艺景观的特征。草坪让前庭的绿化更充分，掩映着广场上的步道，还能限制机动车进入。这种方法也有效保护了考古遗址，通过限制步行者通行，还能保护草坪的生长和养护，营造出一种新型的景观体验。

花池

广场上布置了一个花池，充分展示了维多利亚时代的园艺艺术。花池中央栽种了3500株天竺葵——蒙特利尔的市花。

公共设施

广场上增加了许多公共设施，包括大量的路灯和125张长椅，重现了19世纪的维多利亚风貌。全新的照明设计突出了历史遗迹和树木，同时，确保了步道的安全，使广场成为市民在任何时段都能放心使用的公共空间。

结语

本案的设计建立在深入调查的基础上。设计师进行了20多项研究和分析，充分了解了用地的实际情况，包括在考古、遗产、历史、艺术、交通等方面。多尔切斯特广场见证了主权广场的重生，恢复了它作为蒙特利尔重要的公共空间的历史地位。

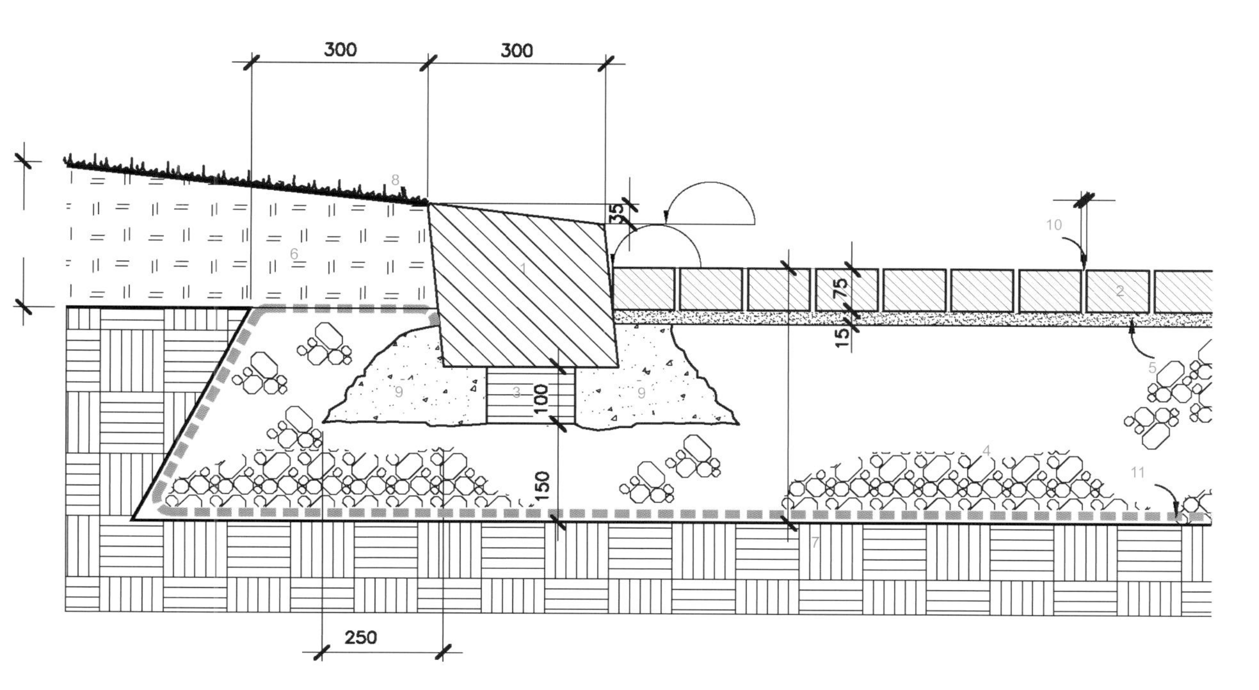

花岗岩路缘与花岗岩地砖连接详图

1. I 型花岗岩路缘（方形）
2. 花岗岩地砖
3. 找平垫
4. MG-20 型碎石，95% 夯实
5. 岩粉
6. 混合栽种土壤
7. 原有土壤，90% 夯实
8. 新增草皮
9. 混凝土
10. 铺砂连接
11. 土工织物层

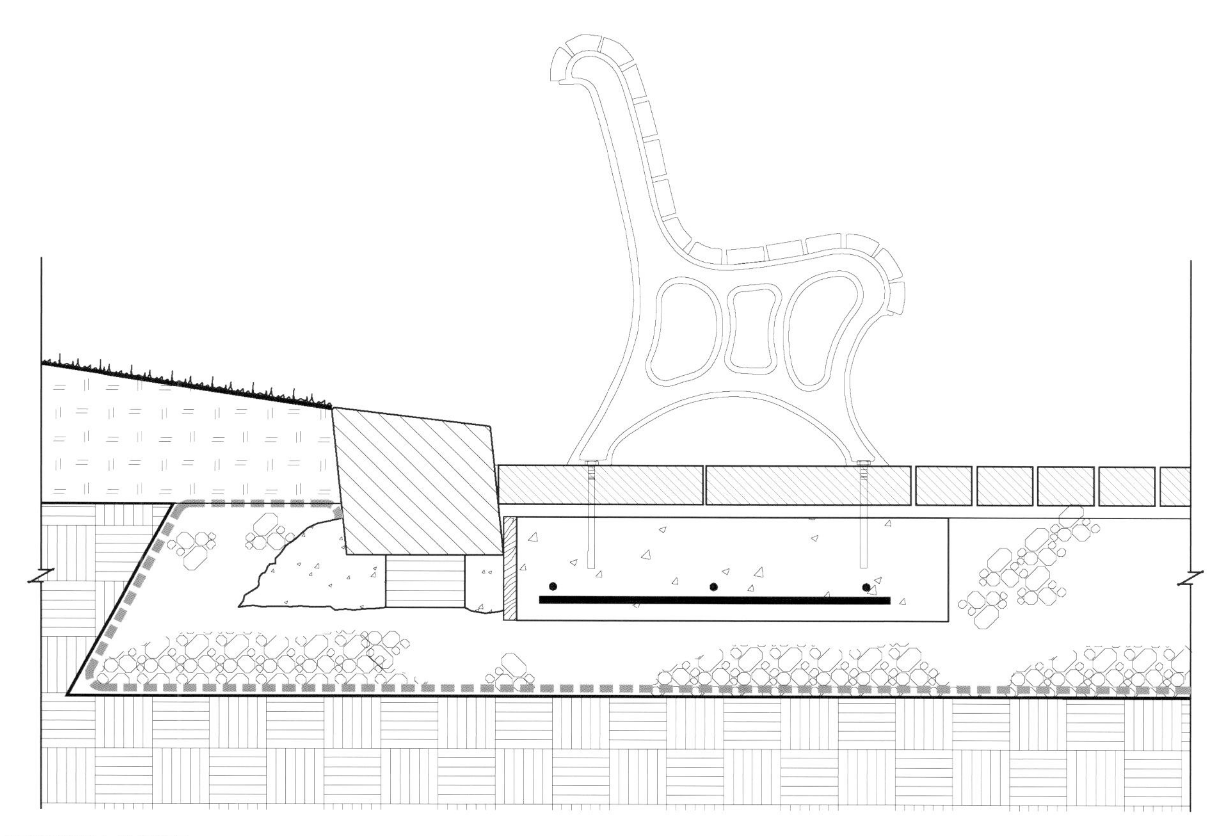

花岗岩路缘与长椅详图

1 ~ 3. 铺装特写

景观设计：澳派景观设计工作室 | 项目地点：中国，广州

广州西塔

四季酒店前的地面铺装

广州西塔主塔高度达到432米，是当时全国第二高楼、中国南方第一高楼，也是广州毋庸置疑的地标性建筑。

澳派景观工作室是本项目的景观设计顾问。设计师将广州西塔视作组成珠江新城主轴线的建筑群的延伸，成为联系北面的城市商务区与南面的珠江的纽带，营造出浑然一体的城市景观效果。

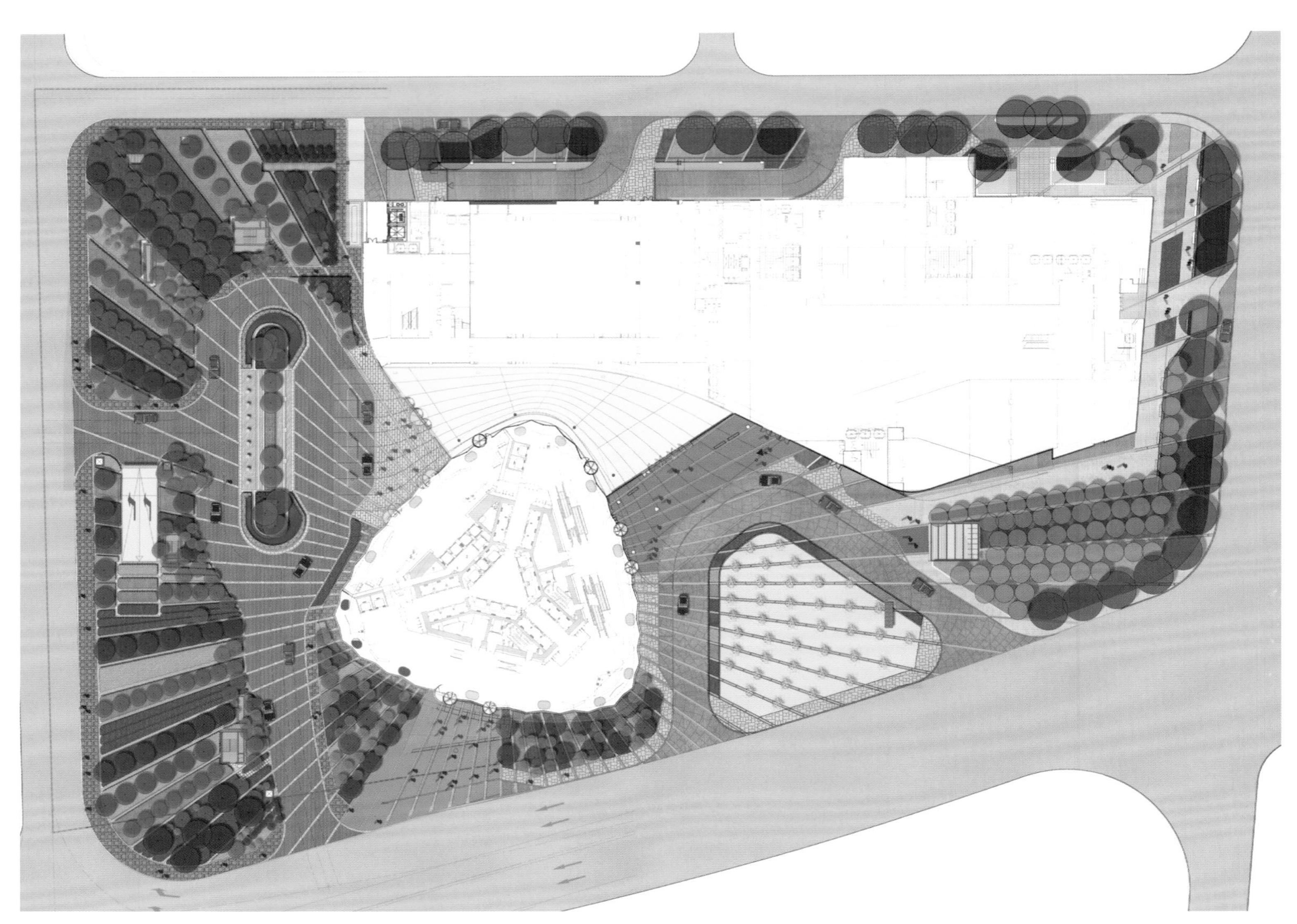

总平面图

1

项目名称：
广州西塔
酒店运营方：
四季酒店
建筑设计：
英国威尔金森·艾尔建筑事务所（Wilkinson Eyre Architects）
施工单位：
普邦园林
面积：
27,000平方米
业主：
越秀集团
摄影：
陈声明
奖项：
中标实施方案

广州西塔将被视为广州整座城市的灯塔。景观概念“光”是整个设计的关键与重点：光的色彩、发散的方向、简洁并具有动感的线条，共同打造出鲜明的设计特色与风格。

节能灯带构架出整个设计场地的骨架与布局，也使建筑构架投影在地面上，建筑与景观形成一个整体。灯光不仅构建出场地形态，也塑造出从建筑本身延伸到周边场地的统一材质肌理，吸引人们进入到场地中来。

广州西塔的南面是五星级酒店四季酒店的入口，设有一个大型水景池，选用自然冰裂纹黑色花岗岩饰面，中间栽种茂盛的热带绿色植物。南面池壁跌水墙高达2米，与灿烂的阳光共辉映，营造出欢乐愉悦的视觉氛围；北面池壁的跌水墙是入口雨篷前的视觉焦点，与棕竹、天堂鸟以及鸡蛋花等洋溢热带风情的植物相结合，营造出四季酒店高雅与宁静的品质与格调。

1、2. 铺装材料选用自然分裂的花岗岩，形成不同规格的铺装模块
3. 热带花园式景观

1

2

四季酒店前的铺装大部分使用自然开裂面的石材，采用不同规格模块进行组合，并与火烧面的放射带形成强烈对比，为项目打造出别具一格的铺装和精致的细节。在石材外层添加的防腐剂，不仅确保石材耐磨、持久保持亮丽本真色彩，更凸显出该高端雅致酒店的高要求。

整个项目使用节能灯具以及当地的材料，保证整个项目的生态环保与可持续性。

3

4

1. 水景
2. 夜景
3. 石材表面做防腐处理，确保铺装使用的耐久性
4、5. 采用弱电照明，使用本地材料，遵循可持续设计原则

5

景观设计：RBA 建筑事务所 | 项目地点：意大利，博尔扎诺

铺装形成特色图案

安吉拉·尼科莱蒂广场

安吉拉·尼科莱蒂广场（Piazza Angela Nikoletti）位于意大利北部城市博尔扎诺的Oltradige-Aslago区中心地带，由RBA建筑事务所（Roland Baldi Architects）操刀设计，为当地居民营造了一个新的公共活动场所。

广场衔接了周围的几栋建筑以及旁边的公园。同时，这里也是附近居民的日常休闲之所，为市民提供了参加户外活动的场地。因此，广场的设计以使用的灵活性为标准，采用开放式布局，避免任何对空间使用 形成限制的元素。

广场采用双色鹅卵石铺装，形成斑马状黑白条纹，白色是大理石，黑色是玄武岩。广场东北侧的铺装有一处高出其他部分，既是花池，也是座椅。

1

2

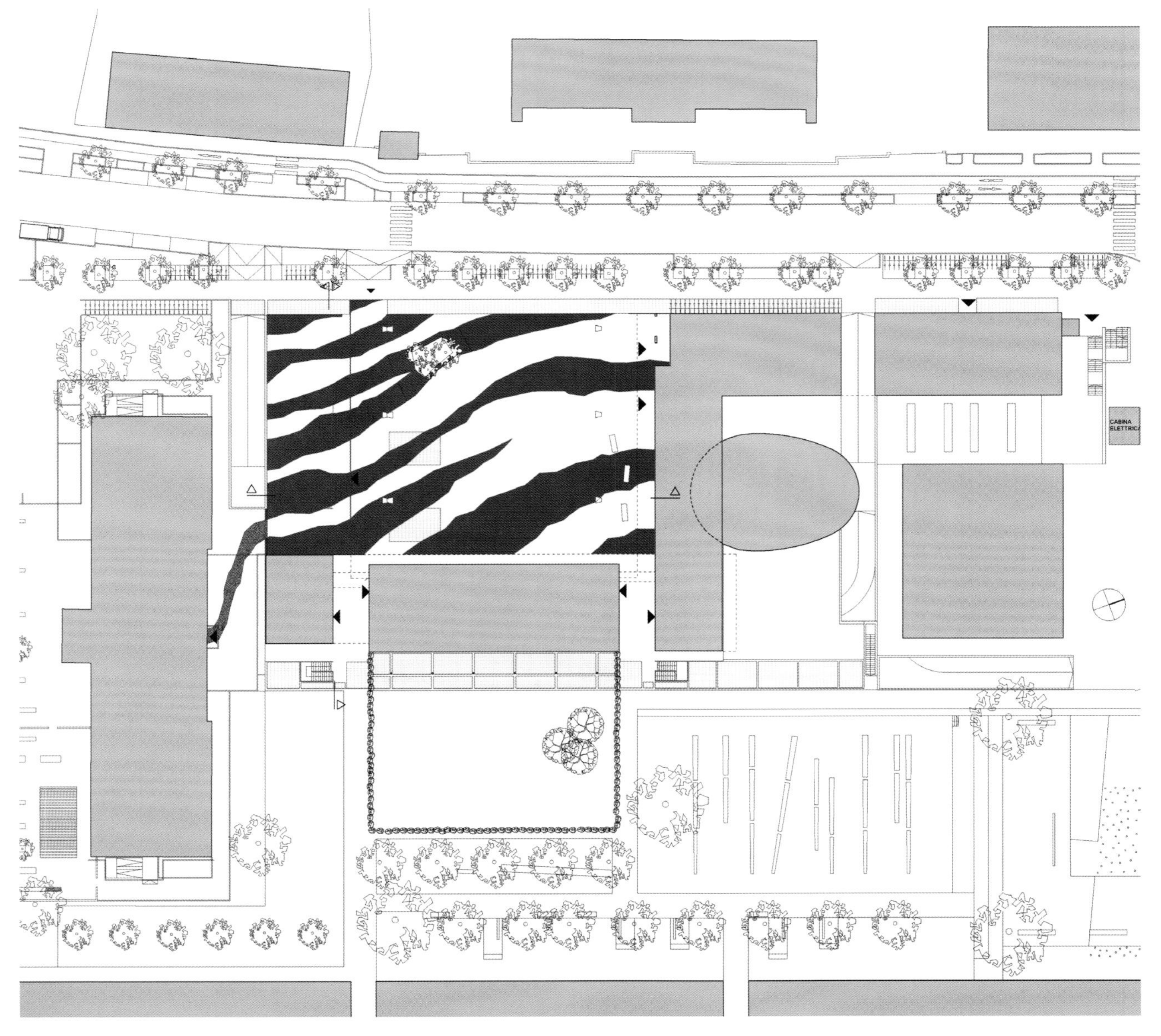

总平面图

项目名称：
安吉拉·尼科莱蒂广场
面积：
2,200平方米
摄影：
奥斯卡·达里兹（Oskar Da Riz）
铺装材料：
白色大理石圆石、黑色玄武岩圆石

1、2. 两种色调的砾石形成广场独特的斑马图案，石材为白色拉萨大理石和黑色玄武岩
3、4. 铺装的高差变化

1

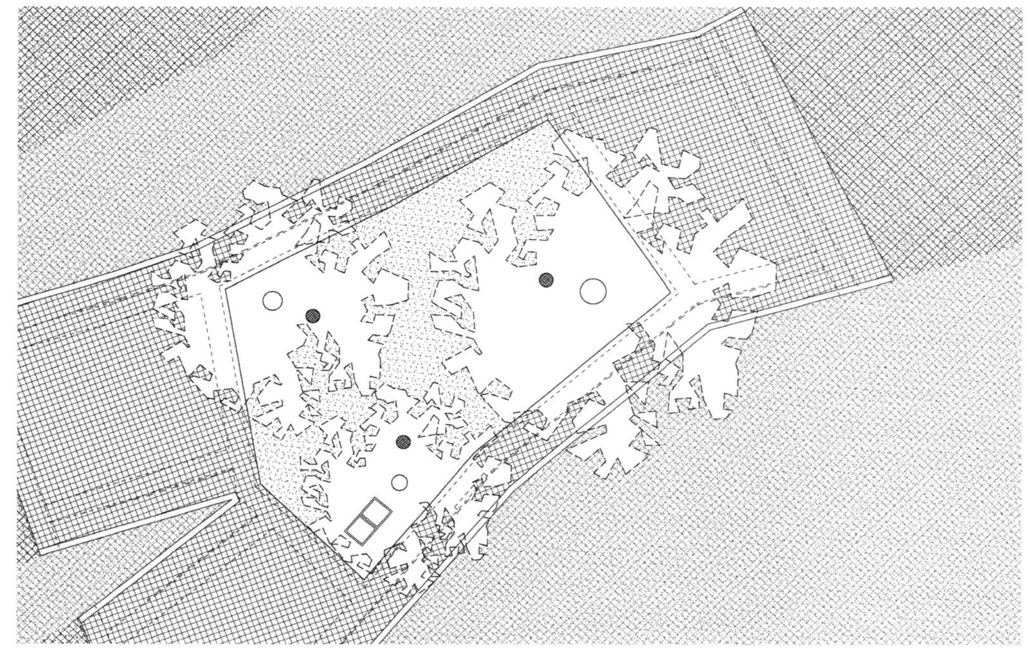

铺装详图

1. 夜景
2. 花池高于地面，边缘具有座椅功能，有高度和斜度的变化

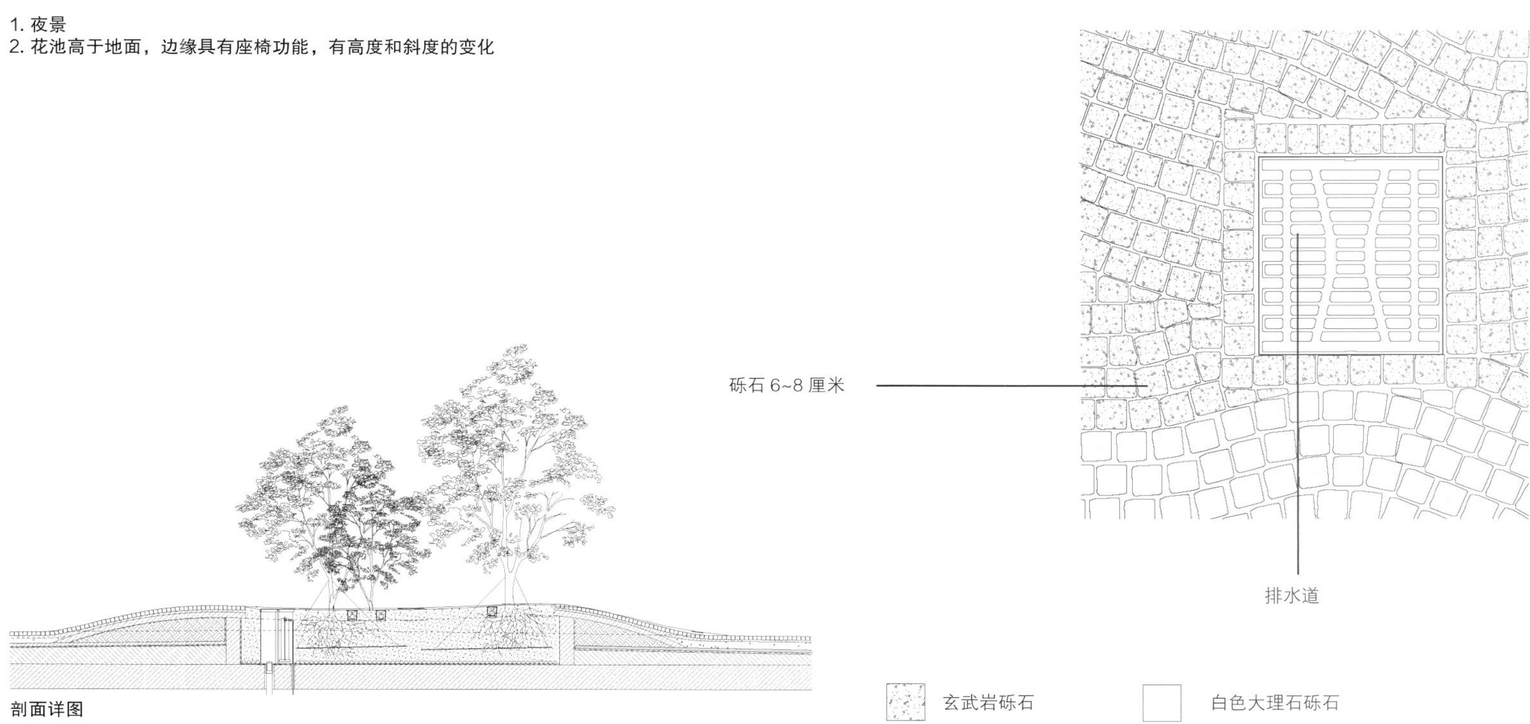

剖面详图

景观设计：IGA 建筑事务所 | 项目地点：黎巴嫩，贝鲁特

铺装设计的灵感来自钢琴琴键

钢琴广场

黎巴嫩持续 15 年的内战结束后，贝鲁特成立了 SOLIDERE 公司，专门负责贝鲁特中心区的开发和重建。贝鲁特中心区作为内战的前线，在战争中遭受了重创。重建的整体规划包括中心区古建筑的修复，这些建筑历史悠久，有些可以追溯到罗马时代；还包括新项目的建设，因为有些地方已经无法修复，只能彻底重建，还有沿海回填造地的区域，也需要重新建设。

乌拉圭街（Uruguay Street）位于上述建设项目的中央，在知名的萨米尔·卡希尔花园（Samir Kassir Garden）的后身，附近有很多重要的教堂和清真寺，四周还新建了一批酒馆和餐厅。本案的钢琴广场（Piano Plaza）就在这条大街上，由 IGA 建筑事务所（Imad Gemayel Architects）设计完成。钢琴广场实际上是一条“U”形道路，设计上需要考虑如何跟周围的新开发项目在功能上融合，同时美观地融入周围的公共环境。

这是一个狭窄的线性空间，整体形成一个空间序列，设计上遵循极简主义，务求简洁。地面采用统一的铺装，钢琴琴键式的设计既典雅又动感十足，能满足广场上的各种使用功能的需求。

铺装设计的灵感来自钢琴琴键，不仅跟周围小酒馆内播放的音乐有了巧妙的关联，而且，琴键式的铺装还便于让地面从二维平面过渡到三维立体形态，巧妙解决了地势起伏的问题。地面上的琴键仿佛跳跃的音符，赋予广场动感与活力。“琴键”大小不一，既让地面富于变化，也能避免材料浪费。地砖取自当地，是这一地区街道常见的铺装材料，但是通过全新的设计，既与周围环境紧密融合，又形成了独树一帜的现代化公共空间形象。

广场南侧尽头处的一条铺装升高，高于地面，形成一条长椅，夜间有专门的照明，长椅两侧能变幻颜色，让广场的夜景更富魅力。

本案的可持续设计理念包括广场使用功能的

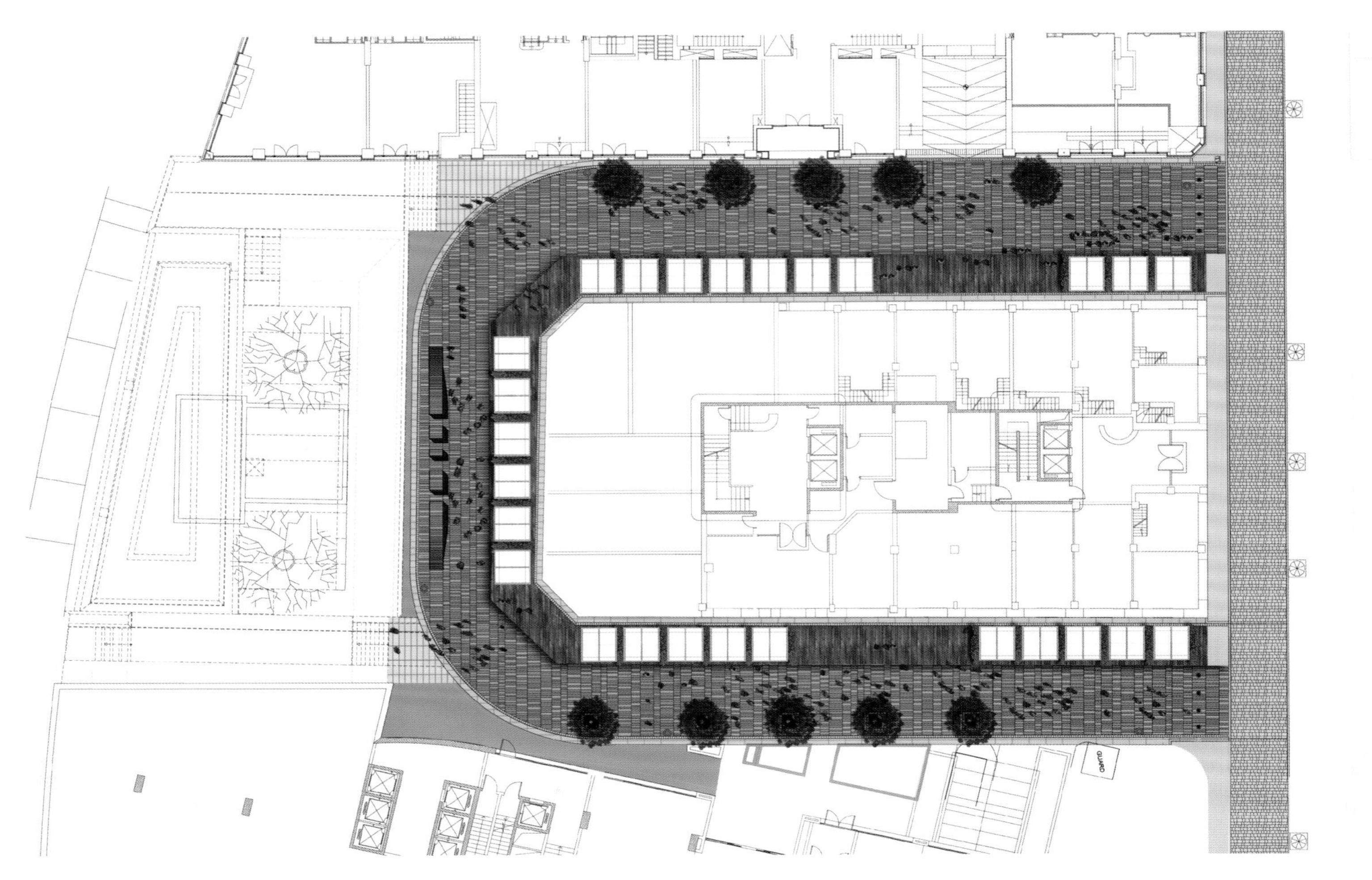

平面图

灵活性、使用的持久性、与周围环境的融合、当地材料的使用、成本效益等方面。地面铺装无论是在阳光下、雨水中，还是在照明效果的烘托下，都显得熠熠生辉。

这个小广场不仅是酒馆的户外平台，花园里有表演时，它又是天然的户外看台。这里还可以举办文化艺术展览，也可以是临时市场，当地生意人和游客都觉得自从这个广场投入使用以来，乌拉圭街的氛围好像一下子活了起来。

本案从设计到竣工耗时不到两个月，不仅取得了超高的成本效益，也能保证未来使用的低维护需求。自开放以来，钢琴广场已经成为贝鲁特重建区使用最频繁、最受欢迎的公共空间。

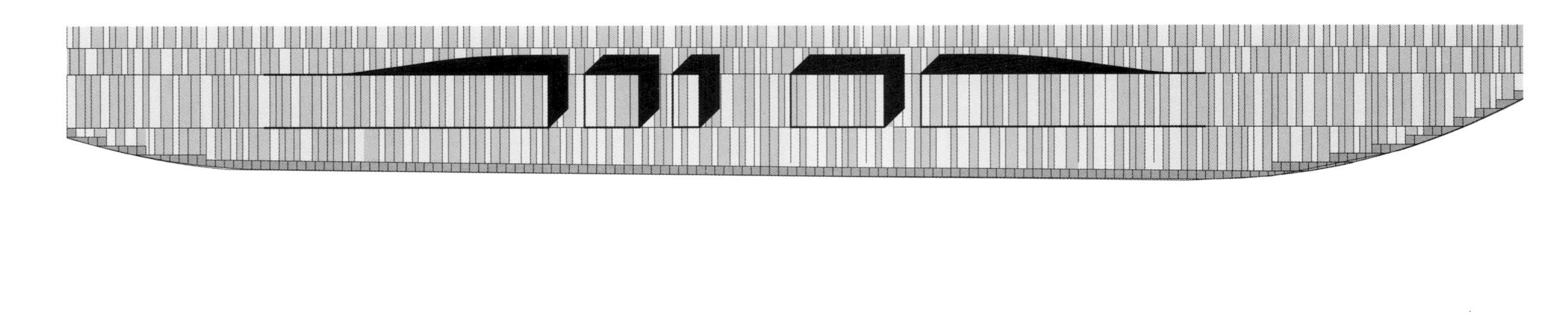

长椅详图

铺装排列

1. 地面采用带状铺装，其中一条高于地面，相当于长椅
2、3. 一面有照明，夜晚能变换颜色

项目名称：
钢琴广场
委托客户：
SOLIDERE公司
摄影：
图片由IGA建筑事务所提供

景观设计：LINK 景观事务所 | 项目地点：挪威，奥斯陆

斯坦登滨水步道

滨水散步大道

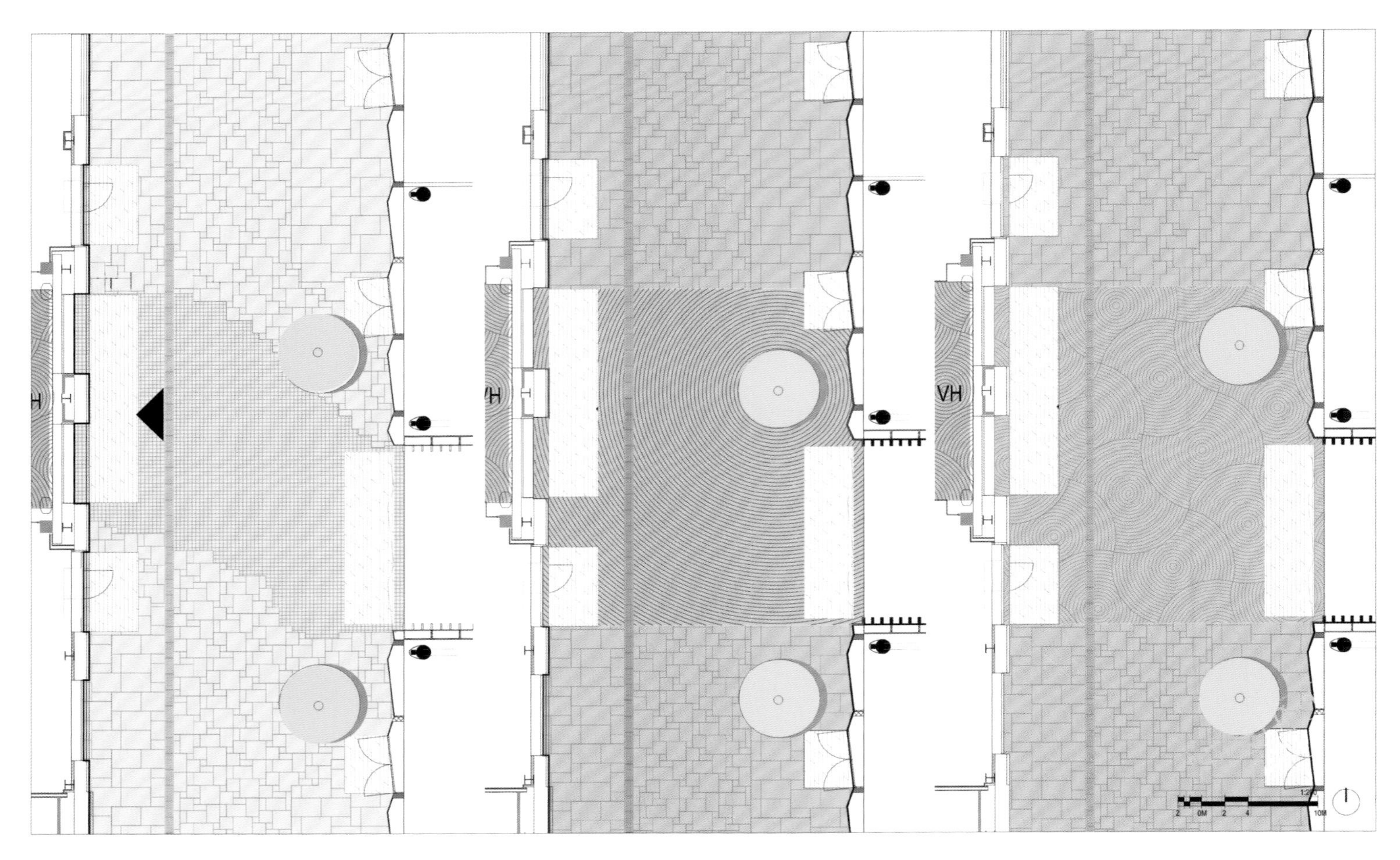

铺装详图

项目名称：
斯坦登滨水步道
竣工时间：
2014年
开发商：
挪威NPRO公司（Norwegian Property）
摄影：
托马什·马耶夫斯基（Tomasz Majewski）

斯坦登滨水步道（Stranden Waterfront Promenade）是奥斯陆阿克尔码头区（Aker Brygge）分期重建规划的首个工程。整个规划旨在让奥斯陆的后工业滨水区重焕生机，通过打造一条12千米长的散步大道，将奥斯陆城的东西两侧连接起来。

阿克尔码头区重建工程的开发商NPRO公司的目标是：通过改造城市户外空间，转换当地的零售理念，提供新的办公空间，进而实现阿克尔码头的复兴。

LINK景观事务所（LINK Landskap）的设计一向以经典、简洁著称。LINK的设计团队相信，景观设计的目标是为了给人们更好的生活。斯坦登滨水步道的设计也是如此。步道以及旁边的一个新建码头于2014年5月竣工。重建规划中的其他工程将于2015年和2016年内竣工，其中包括码头广场（Bryggetorget）以及多条街道，这些街道让码头区彻底融入城市脉络。

1. 散步大道夜景
2. 铺装鸟瞰

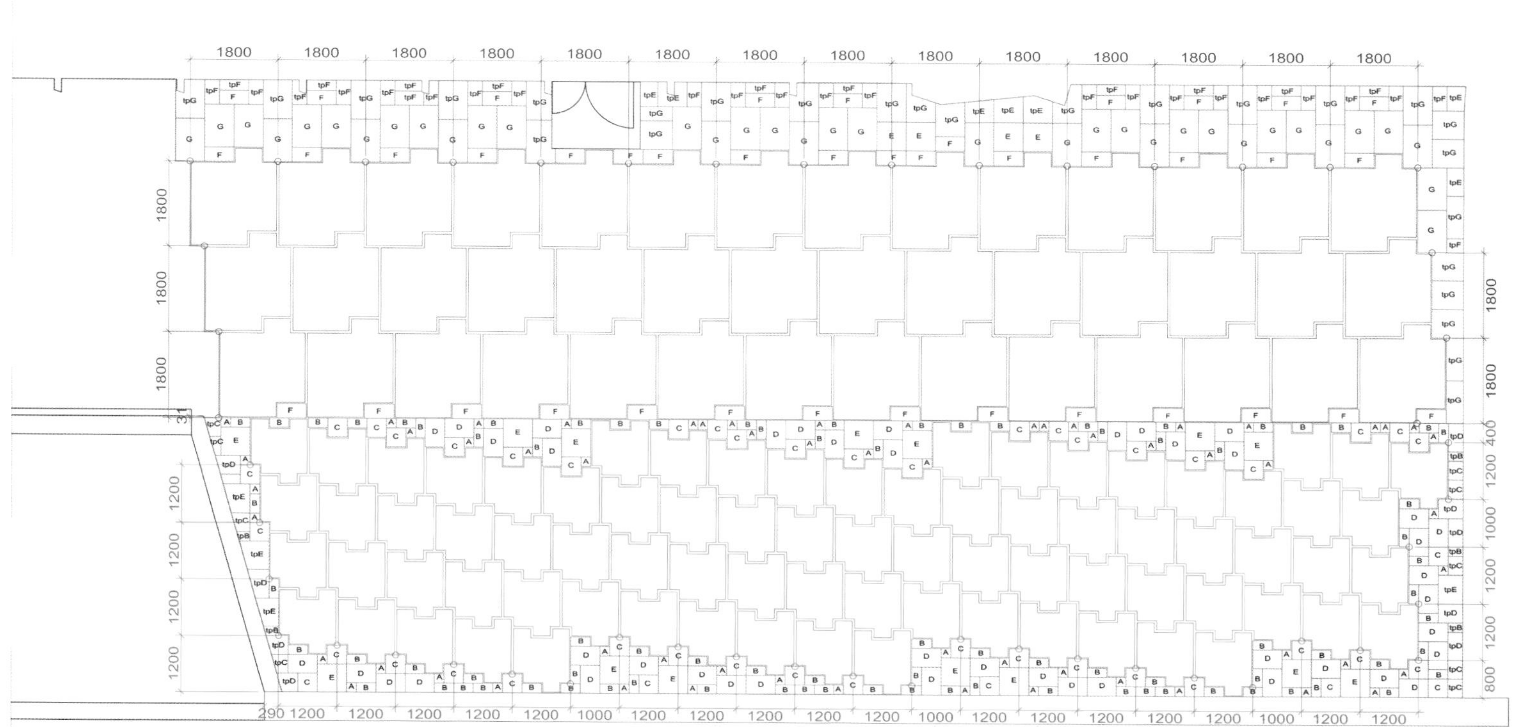

散步大道铺装图案

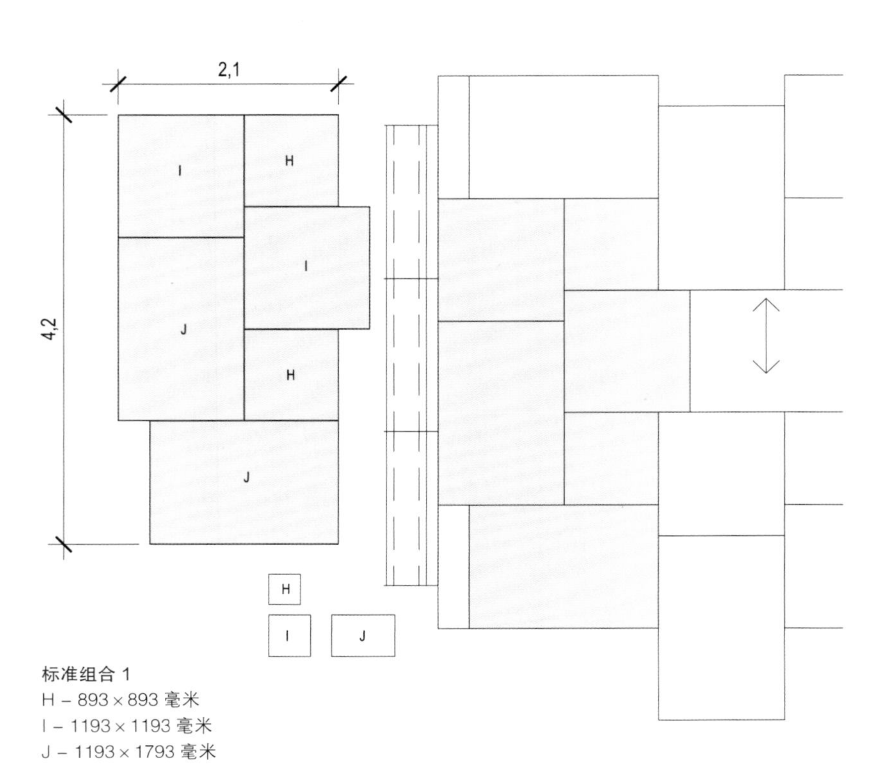

标准组合 1
H – 893 × 893 毫米
I – 1193 × 1193 毫米
J – 1193 × 1793 毫米

LINK 景观事务所负责阿克尔码头所有户外空间的景观设计。其实，早在 20 世纪 80 年代，LINK 就曾负责这片后工业滨水区的景观设计。1985 年，当地为滨水区改造项目举行了设计竞赛，T–T–A 建筑事务所（Telje–Torp–Aasen Architects）获胜，LINK 负责户外空间的设计（当时 LINK 名为 13.3 Landskapsarkitekter）。将近 30 年后，LINK 再度负责这片户外空间的升级改造。

阿克尔码头可以说是奥斯陆最具活力的公共空间，这里有公寓、购物中心、文化场馆、餐厅等各类设施。无论是当地居民还是游客，都特别青睐这片码头区，这里每年大约接待 1200 万人次。翻新之后，码头区更是注入了新的活力，迅速成为奥斯陆开展社会公共活动的重要场所。

码头的景观改造让滨水区与奥斯陆重要峡湾的联系更加紧密，同时，滨水步道也丰富了市民的户外生活。本案设计中的一大难点是如何重塑并简化滨水步道的横断面；如何对步道进行重新布局，以期打造更宽敞、更方便公众使用的滨水空间。改造后，市民有了更多的休闲空间，步道的使用更加灵活，可以有更多计划外的、临时的休闲活动。由此，设计实现了以丰富的环境体验带给人们更好的生活的目标。

1、2. 铺装材料选用砾石

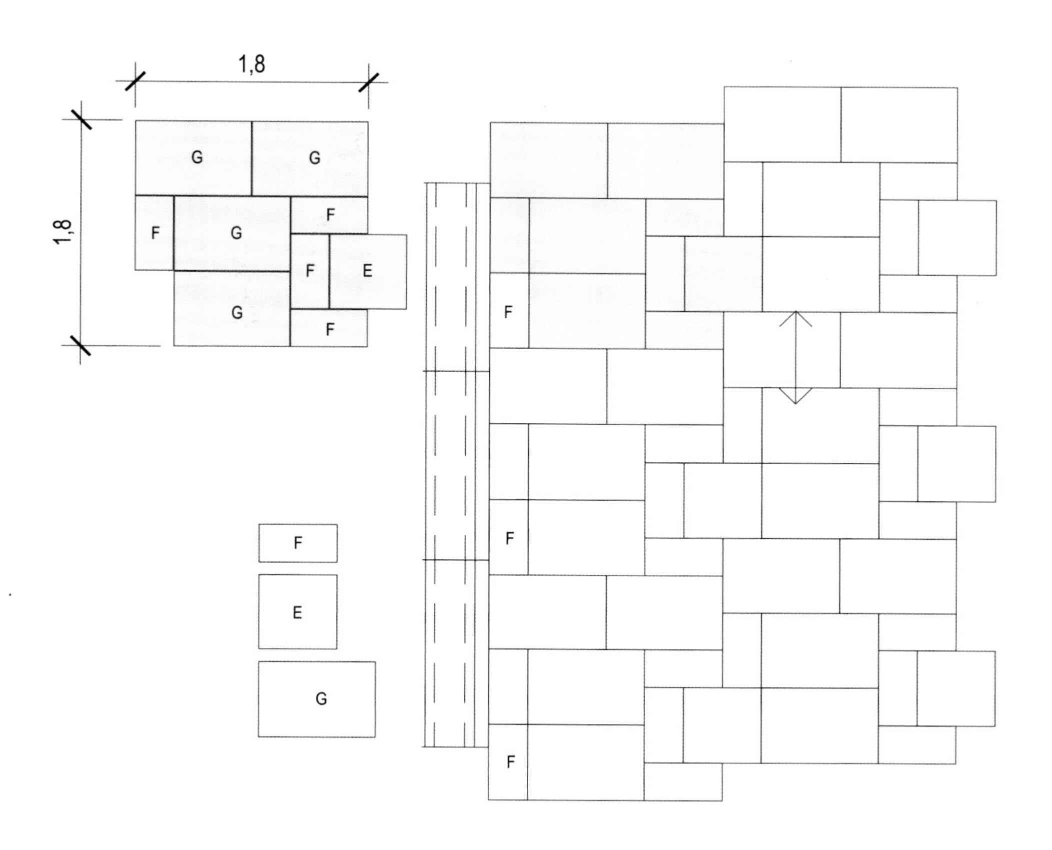

标准组合 2
F – 293 × 593 毫米
E– 593 × 593 毫米
G – 593 × 893 毫米

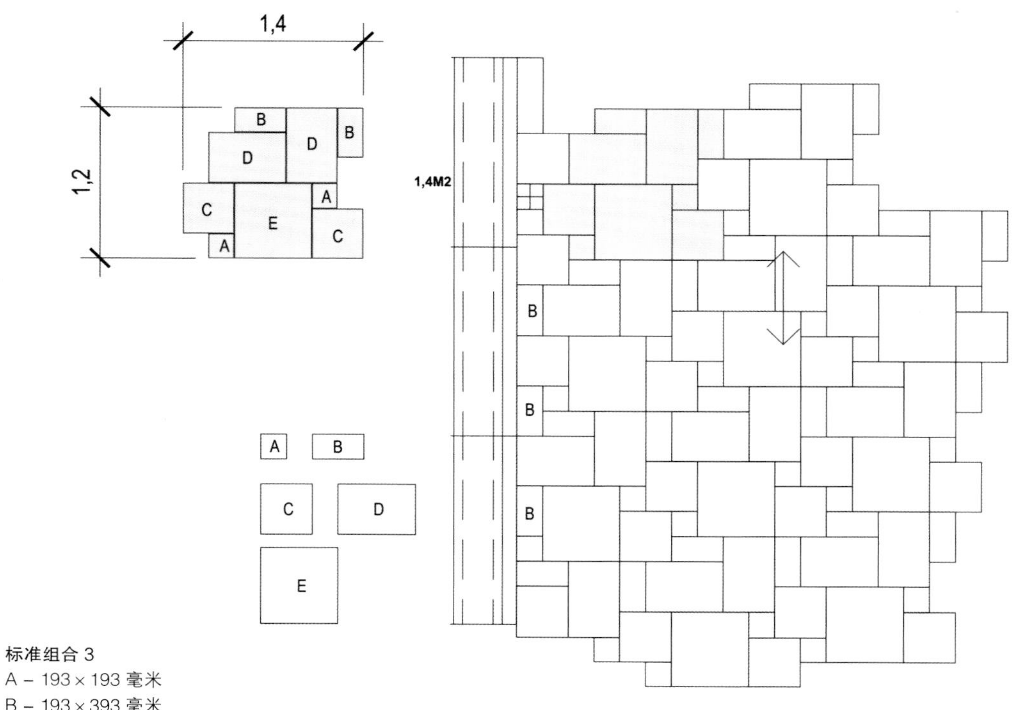

标准组合 3
A – 193 × 193 毫米
B – 193 × 393 毫米
C – 393 × 393 毫米
D – 393 × 593 毫米
E – 593 × 593 毫米

景观设计：Ujirany 景观事务所 | 项目地点：匈牙利，布达佩斯

艾特勒广场

广场鸟瞰

2014 年，布达佩斯地铁 4 号线竣工。4 号线终点站外面有一大片开阔的空间，是艾特勒广场（Etele tér）的一部分。本案的设计内容就是为这片开放式空间进行临时设计。未来，广场和地铁站出口还将进行统一的改造。Ujirany 景观事务所（Ujirany / New Directions Landscape Architects）的总体设计目标是为几年之后的环境改造做好准备。

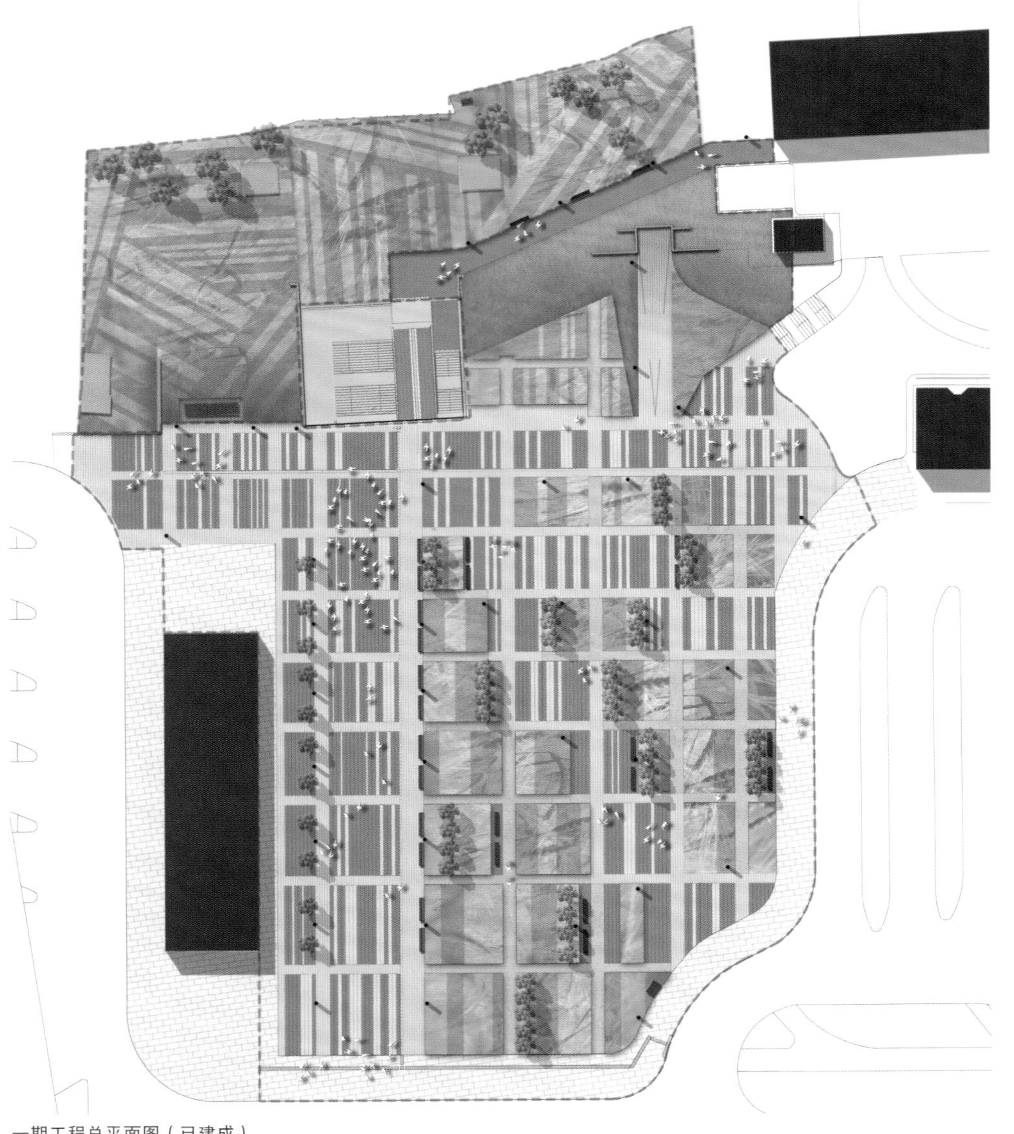

一期工程总平面图（已建成）

二期工程总平面图（拟建）

项目名称：
艾特勒广场
竣工时间：
2013年
设计团队：
多米尼卡·蒂罕伊（Dominika Tihanyi）、伽柏·斯佐尔（Gabor Szohr）
3D视效：
齐塔·萨夫拉内克（Zita Safranek）
面积：
7,682平方米
摄影：
塔马斯·布诺夫斯基（Tamas Bujnovszky）/ Ujirany景观事务所
植物：
垂枝桦、芒草、发草
铺装：
混凝土地砖（生产厂商：Semmelrock International GmbH公司）
灰色Appia Antica地砖（8×50×50厘米）
白色Appia Antica地砖（8×50×50厘米/8×50×25厘米）

一期设计理念是在终点站的出口外打造一种"铺装区＋绿地"的模块式景观构造。设计师选用观赏性植物，让这种死板的模块结构显得更柔和，广场看上去富有诗意。从远处看，广场仿佛一片草甸，但是走近之后，你会看到这里的小径形成一套标准的正交系统，空间变化多端，将地铁出口、临时汽车站和附近的住宅区衔接起来。中央的小径旁边设置长椅，这条小径通向地铁站入口。植物主要是芒草和发草，形成带状景观，与地面铺装上的黑白带状条纹相呼应。高大的树木可以视为这种带状条纹的纵向延伸。这样，走在广场上，你会感觉自己仿佛走在一张张条纹地毯之上，空间的体量感缩小了，环境更显人性化。

二期设计进一步探索了铺装的功能。铺装区域将广场上的各个小空间连接起来。模块化的种植区不仅缩小了环境的体量感，还巧妙地解决了地面高差的问题，在喧嚣的都市环境中营造了安静的一角。种植区的边缘凸起，可以坐人，此外还有水景和台阶，进一步凸显了广场“都市休闲空间”的属性，适合举办各种小型公共活动。除了长椅之外，广场上还布置了一些混凝土座椅，嵌入垂枝桦树下的土地中。

1. 全新的艾特勒广场，背景处是多栋公寓楼
2. 从公共汽车站眺望广场

1. 地铁站前的广场夜景
2. 十字交叉小径采用水泥稳定碎石铺装

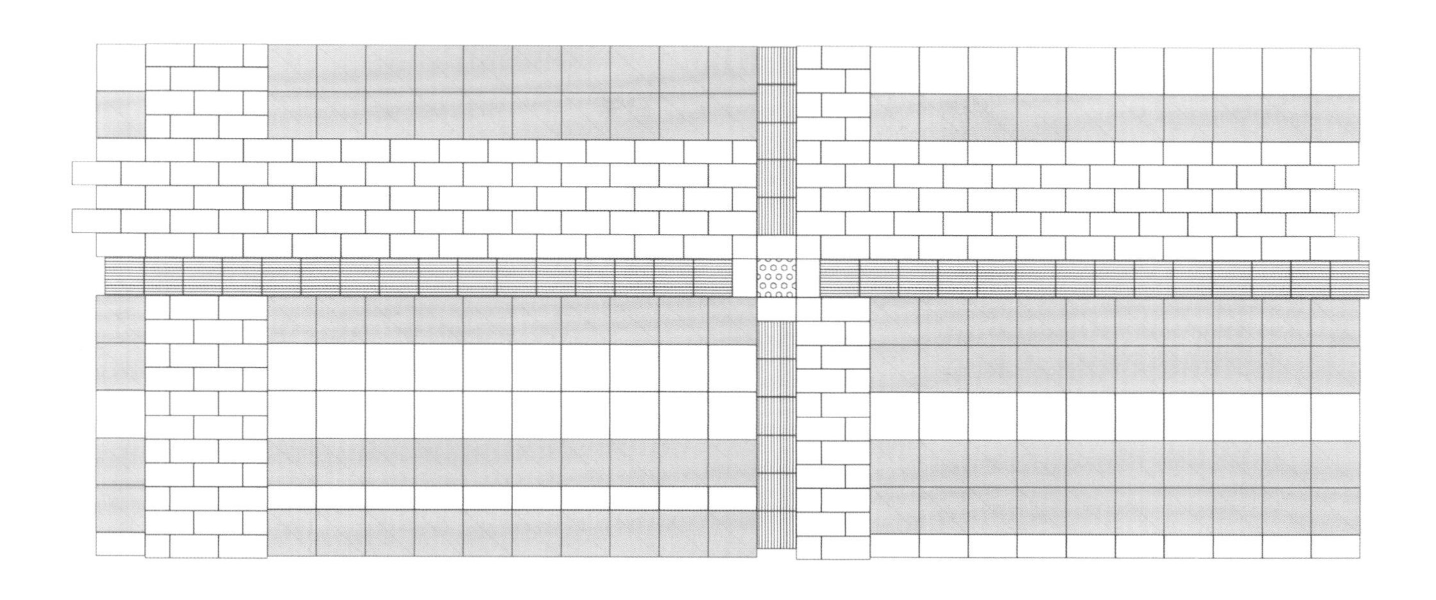

浮凸表面混凝土铺装样本

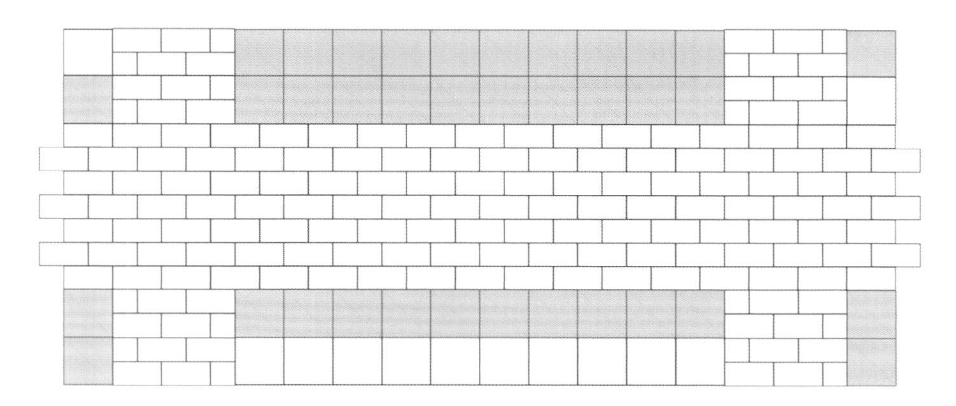

混凝土铺装样本

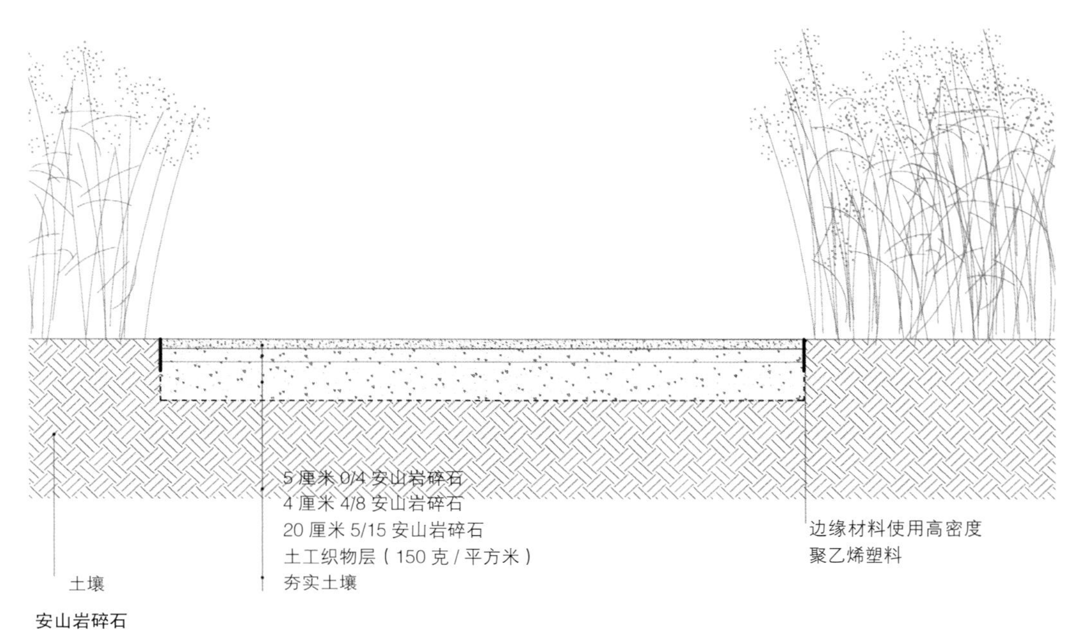

安山岩碎石

FOSSIL
CHRIST
Clarks
Hugendubel
zero
MANGO
SWAROVSKI
promod
CALZEDONIA

1

2

阿卡登购物中心户外景观

景观设计：Topotek 1景观事务所

项目地点：德国，慕尼黑

1. 步行区
2. 步行区铺装配色

本案位于德国慕尼黑西城的帕辛区（Pasing），德国东南部最重要的火车站帕辛火车站就在这里。这里新修建了一条电车轨道，连接着慕尼黑市中心与阿卡登购物中心（Pasing Arcaden），于是，一座全新的广场应运而生。广场紧挨帕辛火车站，旁边还有一条散步大道，向东直通购物中心。

Topotek 1 的设计策略是打造一个环形的景观空间序列，将这一区域内的重要公共空间衔接起来，主要包括玛丽恩广场(Marienplatz)、市政厅花园（Rathausgarten）和火车站广场。这三个空间采用相同的地面铺装材料——花岗岩，但是铺装的方式不同，呈现出不同的视觉效果，让每个环境有自身的特点。

火车站旁边的广场使用功能灵活多样。这里有跳蚤市场、圣诞市场，除了公共汽车和出租车乘降站之外，还有新建的有轨电车站，所以经常造成这个区域交通拥堵。因此，这个空间的设计需要系统的规划。设计师保留了广场开放式的布局，以便满足这里的各种使用需求。

广场是这种简化式的设计方法，而步行道的设计则更为人性化。跟火车站广场简单的宽大长椅和灰色石材铺装相反，步行道则采用彩色沥青铺装，上面还有花纹图案。从附近的楼上看，这些花纹呈现出像素化的效果，非常吸引眼球。人行道边栽种了成行的美国梧桐，环境宜人，很适合散步。街道小品设计精良，此外还有为儿童准备的游乐空间和喷泉，这些都让散步大道成为帕辛区的重要公共活动空间。

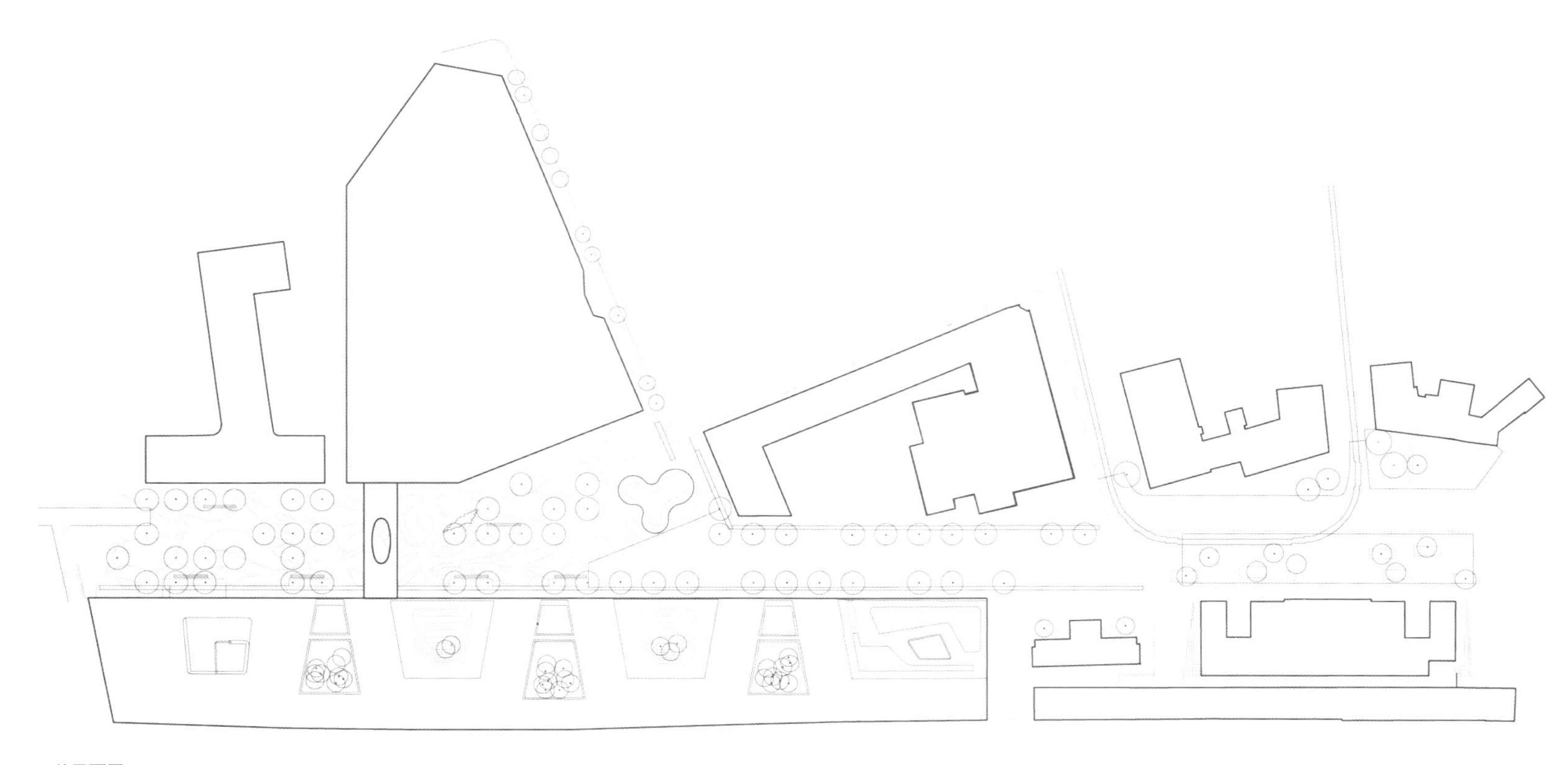

总平面图

阿卡登购物中心上方是公寓，包含若干个屋顶花园，朝向南侧，与购物中心的景观设计融为一体，从屋顶花园上能看到远方的阿尔卑斯山。屋顶花园的设计注重私密性，这里是私人的休闲空间。木板平台将各个住宅单元连接起来，公共休闲空间（包括儿童游乐空间）则布置在楼外。

本案的整体设计宗旨是既满足使用功能的需求，又营造出独特的环境形象，为阿卡登购物中心带来特色与活力。

1

2

项目名称：
阿卡登购物中心户外景观
竣工时间：
2014年
建筑设计：
慕尼黑Allmann Sattler Wappner建筑公司
工程设计：
慕尼黑Schönenberg and Partner工程公司
委托客户：
慕尼黑市政府、慕尼黑SWM公司、MFI房地产管理公司
面积：
41,300平方米
摄影：
汉斯·约斯腾（Hanns Joosten）

1-3. 屋顶绿化
4. 步行区

3

4

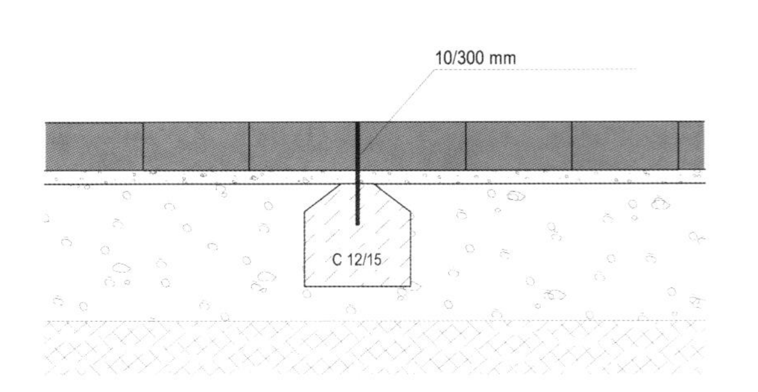

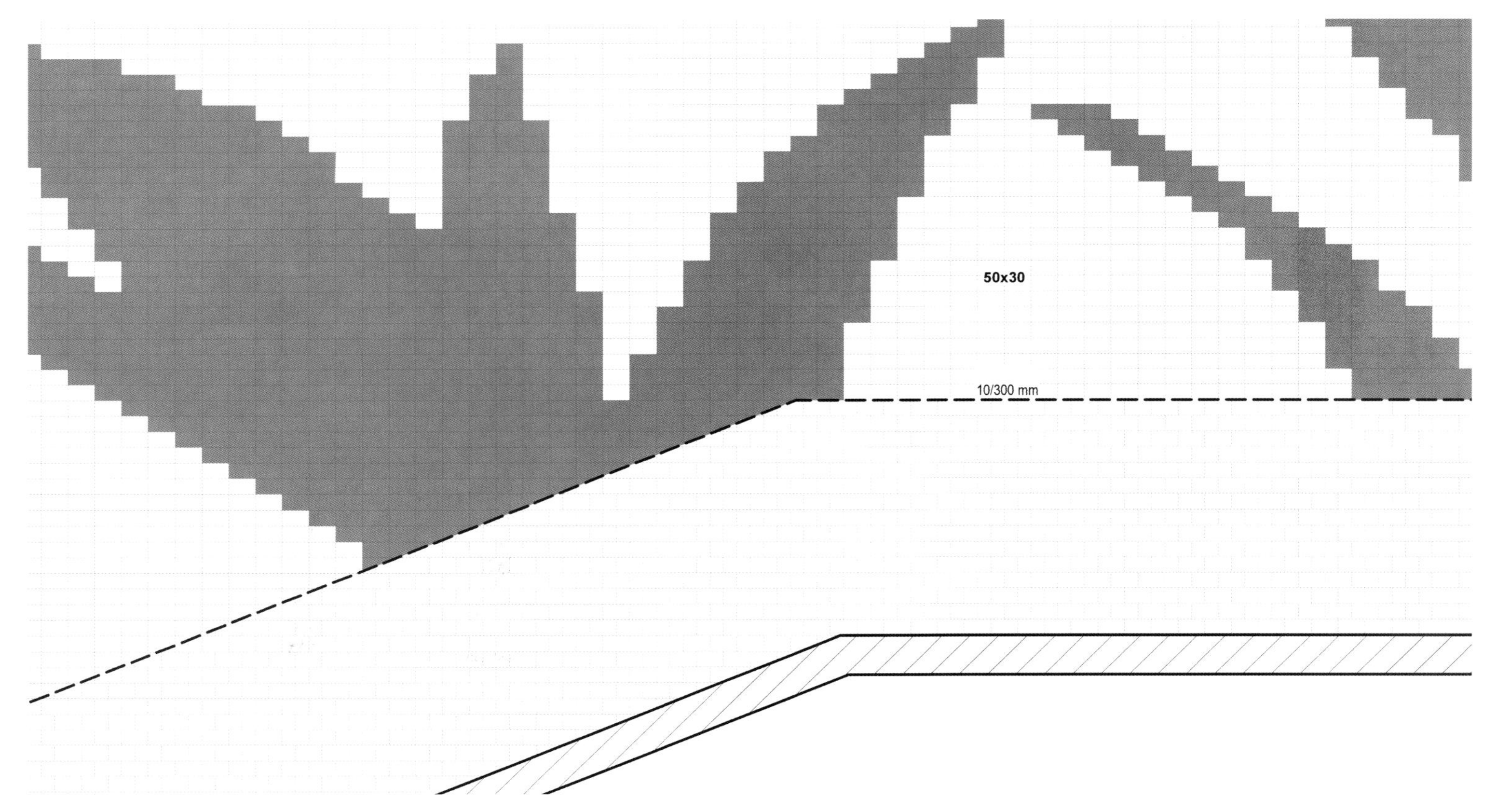

铺装图案详图

2

1. 步行区铺装图案
2、3. 平台边的带状花池

3

1

1、2. 连廊下方的步行区
3. 步行区花池边设有自行车停放区
4. 建筑立面与花池

1 ~ 3. 游乐区的设施统一使用黄色

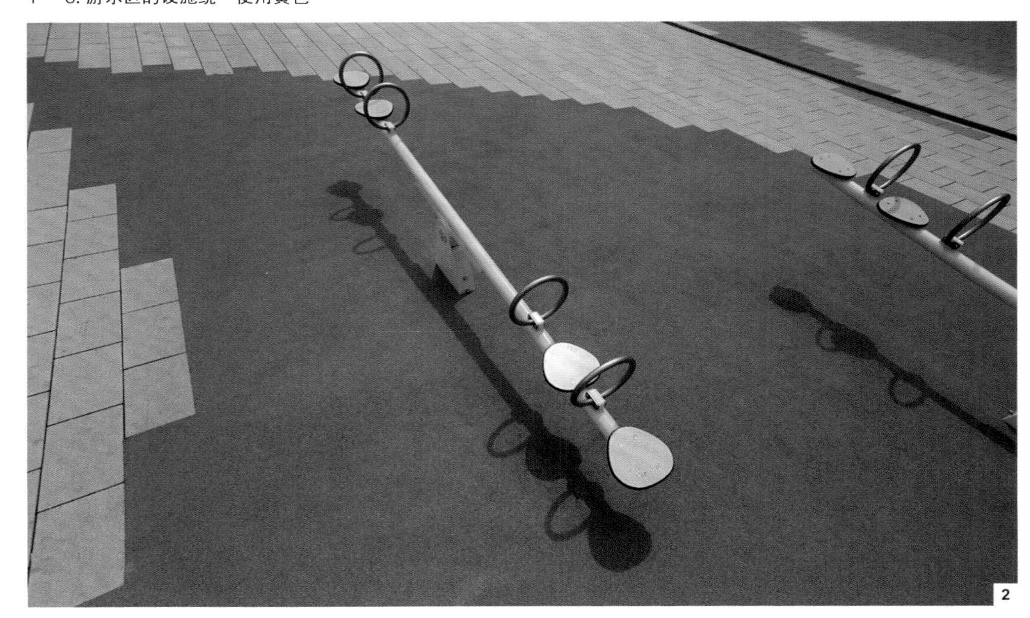

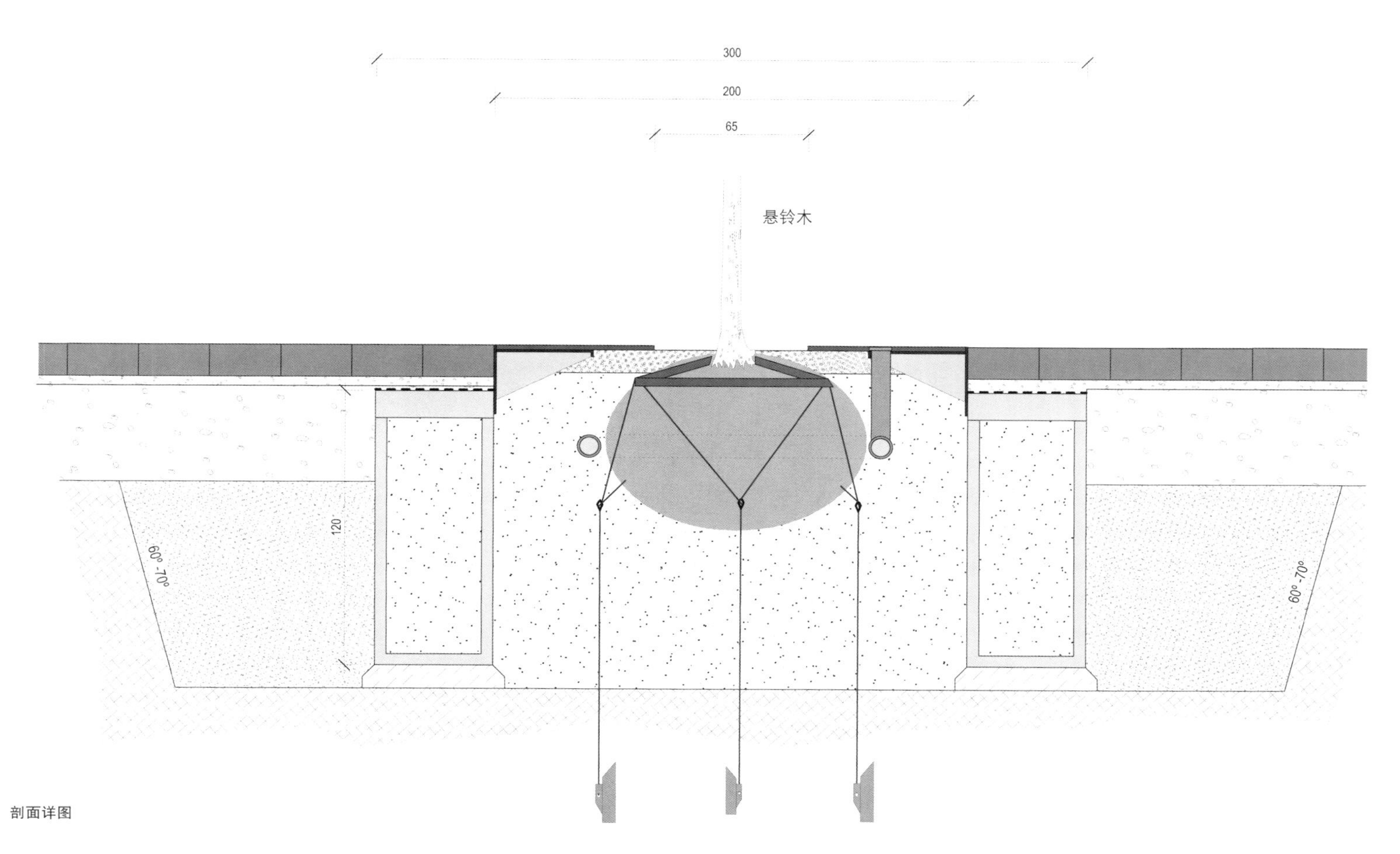

剖面详图

3

1

张家港小城河改造

景观设计：柏涛景观

项目地点：中国，江苏，张家港

1. 商业区的“城市客厅”
2. 景观桥连接河道南北的中心纽带，形成河道上的一道景观

小城河位于城市核心商业区步行街的南侧，东起谷渎港、西至港城大道，全长2200多米，河道平均宽度约12米。20世纪90年代初期以来，由于近一半河道被房屋覆盖，雨污水直排河道，常年无法清淤疏浚，河道水质污染严重；小城河周边区域环境凌乱、交通拥堵、建筑破旧。

小城河综合改造工程以打造核心商业区的“城市客厅”为理念，在治污引清的同时恢复河道自然生态，在建设景观的同时提供更加宜人的环境，在综合整治的同时全面提升整个区域的基础设施功能。

立足于现代简约风格，小城河、谷渎港的改造从建筑立面的设计、石材选型到景观铺装，处处洋溢着浓郁的水乡风貌，以亭、榭及片墙元素，演绎江南特有的枕河人家。老杨舍人最熟悉的青龙桥得以修复，以青龙桥、龙吟、谷渎潮声、绿香亭、竹筏码头、轮船码头、暨阳门城墙及“八不准”碑等老杨舍历史上原有的八大文化元素，通过创意设置，点缀在谷渎港河道两侧，展现谷渎港滨水人文景观特色。

滨河区域的中心地带，是广大市民的活动场所，景观设计大气、现代，通过条石、花岗岩的运用给人以厚实之感。景观桥是连接河道南

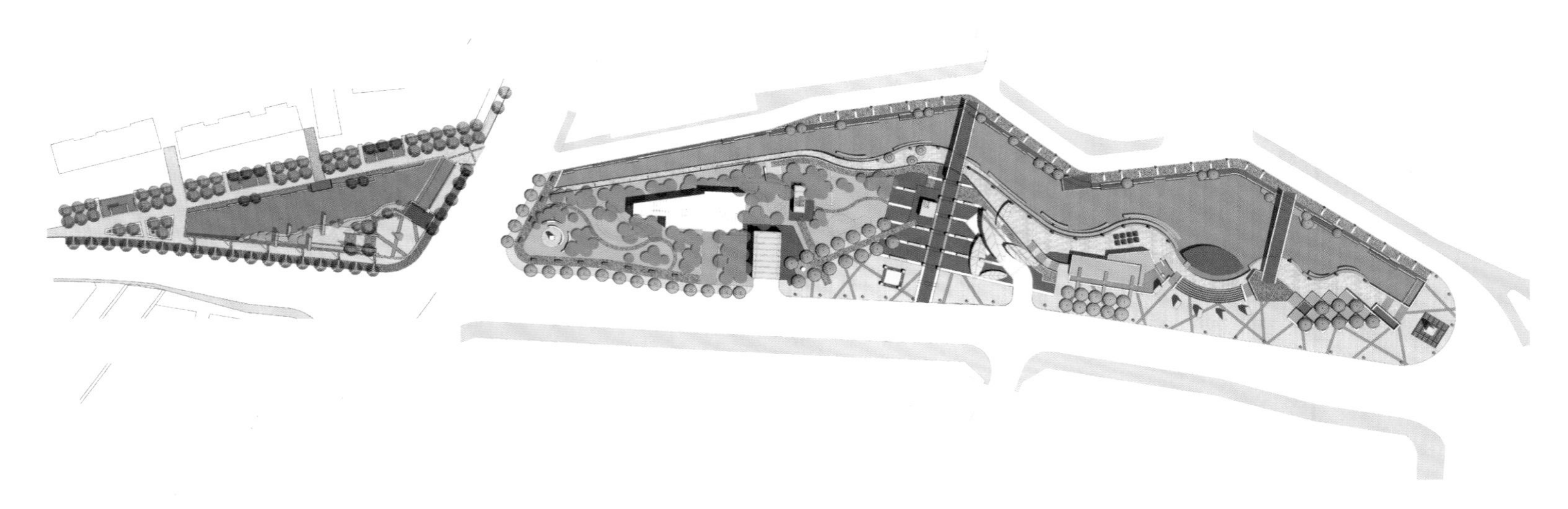
总平面图

北的中心纽带，方便广大市民的日常生活，同时也形成河道上的一道景观。中心舞台的设计增加了整个公共广场的热闹气氛，亲水步道的设计则为市民的生活增添了一份浪漫气息。咖啡馆建筑旁跌水的设计更加增加了广场的流动气氛，3米的跌水落差给人以视觉上的冲击力，成为广场的一个景观点。道路街角对应雕塑的设计，使外部的公共空间连成一个主题，形成一个公共整体的室外景观。为了改变小城河原来的水质污染，环境杂乱的印象，设计里采用了现代简洁的青灰色材料辅以大面积的绿色植栽，衬托出一个全新的出淤泥而不染“城市客厅”； 到了繁花盛开的季节，艳丽的色彩与鸟声，流水声映衬出一派生气盎然的现在水乡风貌。

同时，景观设计尊重市政的规划设计，合理的安排了公共汽车站台，方便市民的日常生活。整个景观、建筑设计，摒弃一切繁琐的符号，留下最安静的价值感。

1

项目名称：
张家港小城河改造
面积：
650,000平方米
材料：
灰砖+木材
植物：
用竹和荷花作为主要绿色植物，用白沙石和青砖来作为铺地用，用浅水作为庭院景观元素之一

1. 景观桥方便广大市民的日常生活
2. 中心舞台的设计增加了整个公共广场的热闹气氛
3. 亲水步道的设计则为市民的生活增添了一份浪漫气息

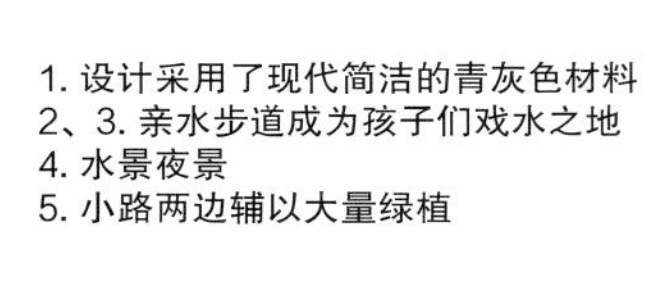

1. 设计采用了现代简洁的青灰色材料
2、3. 亲水步道成为孩子们戏水之地
4. 水景夜景
5. 小路两边辅以大量绿植

1

物料表

荔枝面中国黑

微自然面中国黑

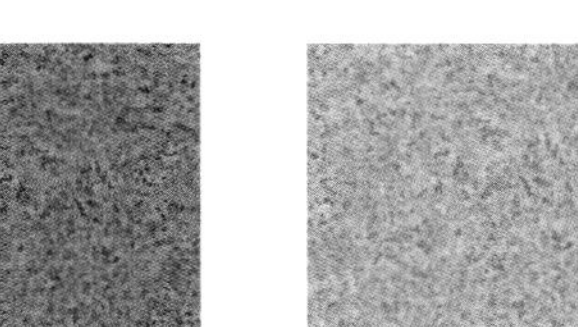
烧面芝麻黑

烧面芝麻灰

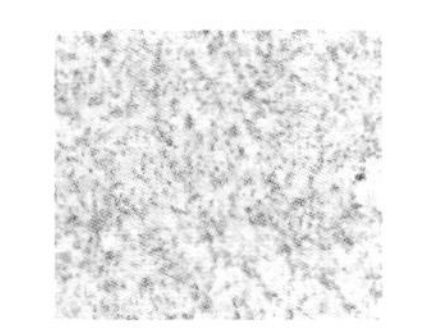
烧面芝麻白

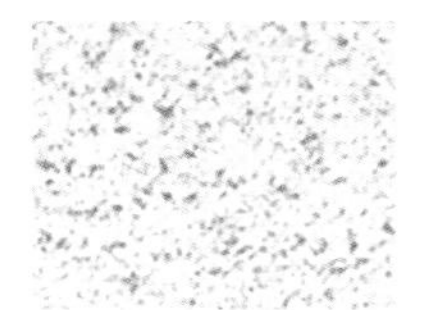
荔枝面芝麻白

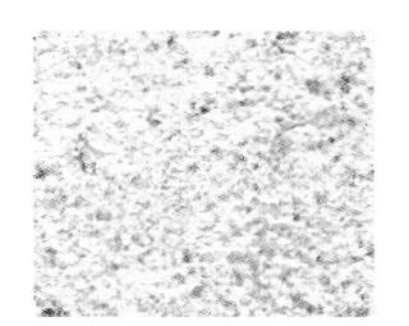
荔枝面黄锈石

澳洲砂岩

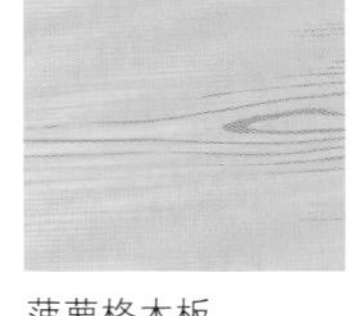
菠萝格木板

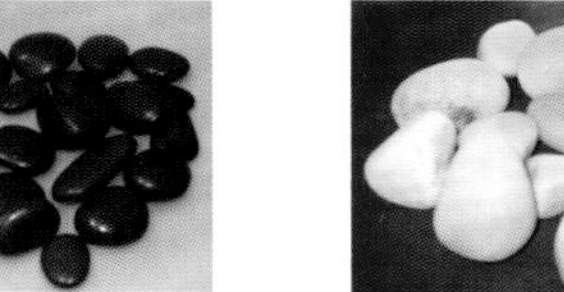
黑色光面鹅卵石

白色光面鹅卵石

拉丝不锈钢

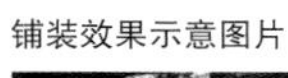
铺装效果示意图片

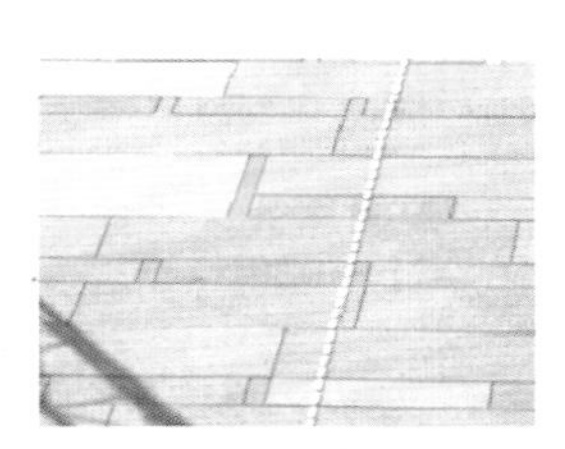

31B 区铺装平面图

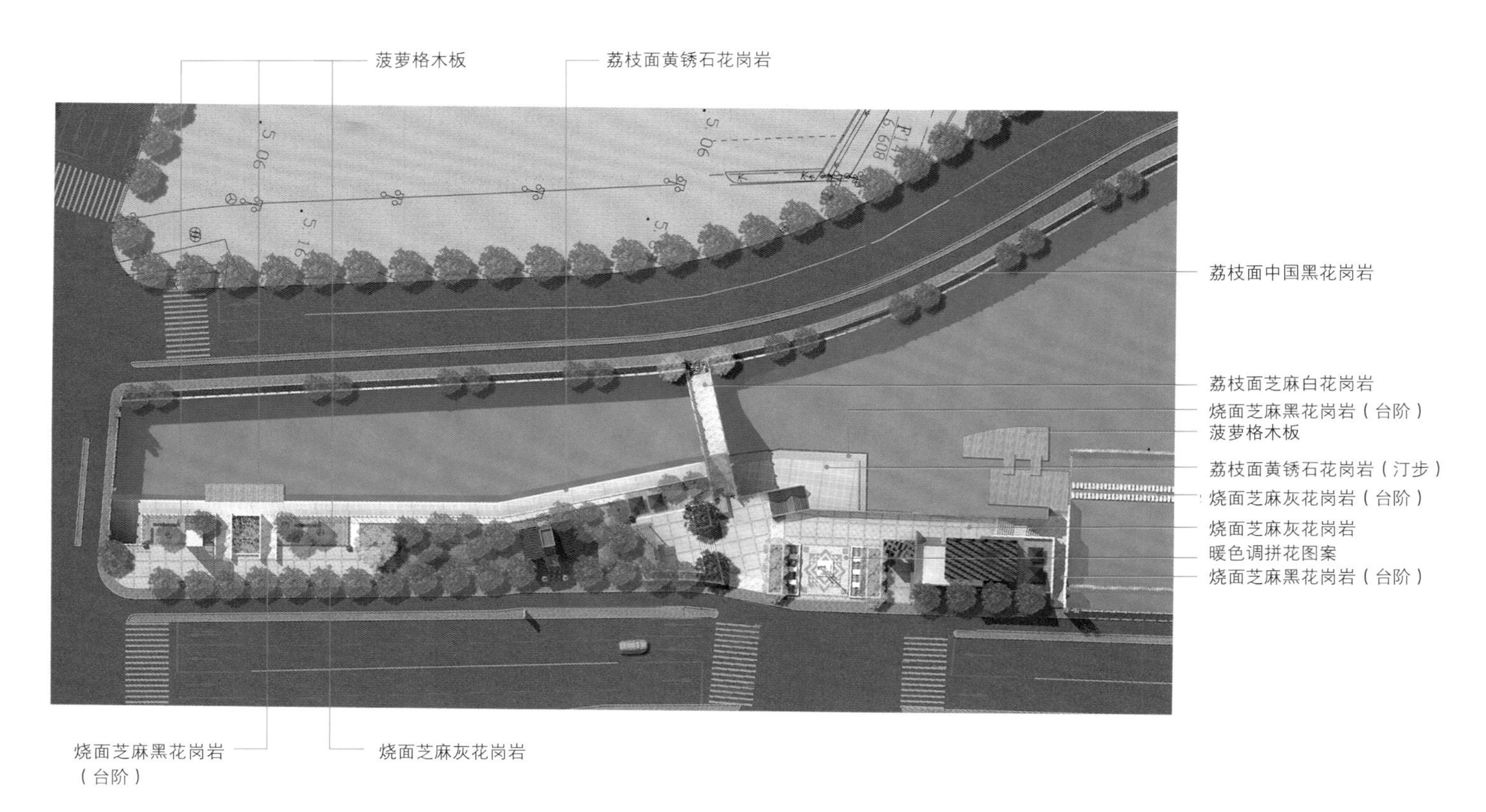

1. 水乡风貌
2. 通过条石、花岗岩的铺装给人以厚实之感

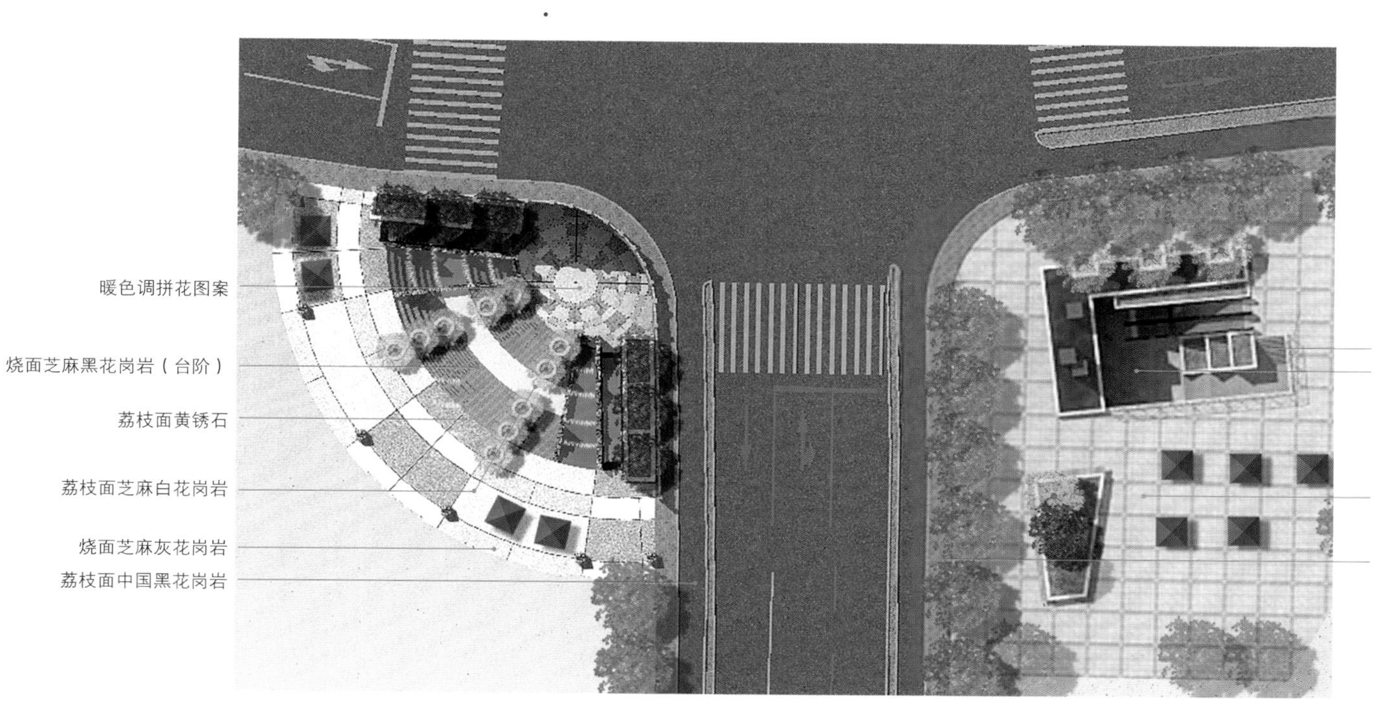
暖色调拼花图案
烧面芝麻黑花岗岩（台阶）
荔枝面黄锈石
荔枝面芝麻白花岗岩
烧面芝麻灰花岗岩
荔枝面中国黑花岗岩
烧面芝麻黑花岗岩（台阶）
荔枝面黄锈石
烧面芝麻灰花岗岩
荔枝面中国黑花岗岩

35C 区铺装平面图

2

1. 木头甲板平台
2. 喷泉
3. 荷叶连连，出淤泥而不染

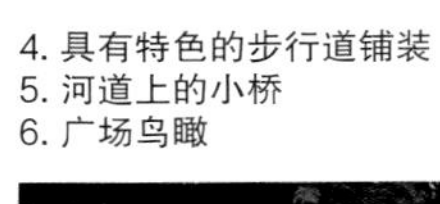

4. 具有特色的步行道铺装
5. 河道上的小桥
6. 广场鸟瞰

4

5

6

选材配置

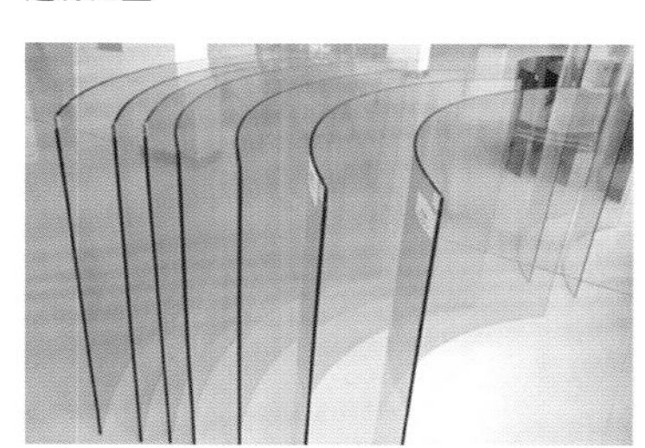

透明白色玻璃

灰砖

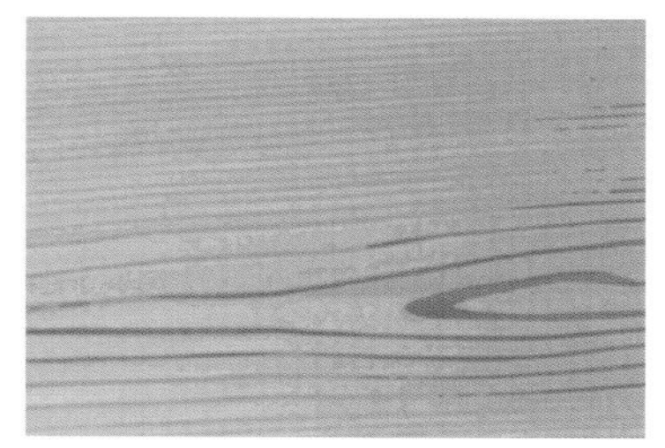
木材

材料：灰砖 + 木材 + 白墙
细节：通过材料本身体现细节，摒弃一切装饰符号，留下本质的传统空间，体现本身的建筑特性。
植物：用竹和荷花作为主要绿色植物，用白沙石和青砖来作为铺地用，用浅水作为庭院景观元素之一。

1

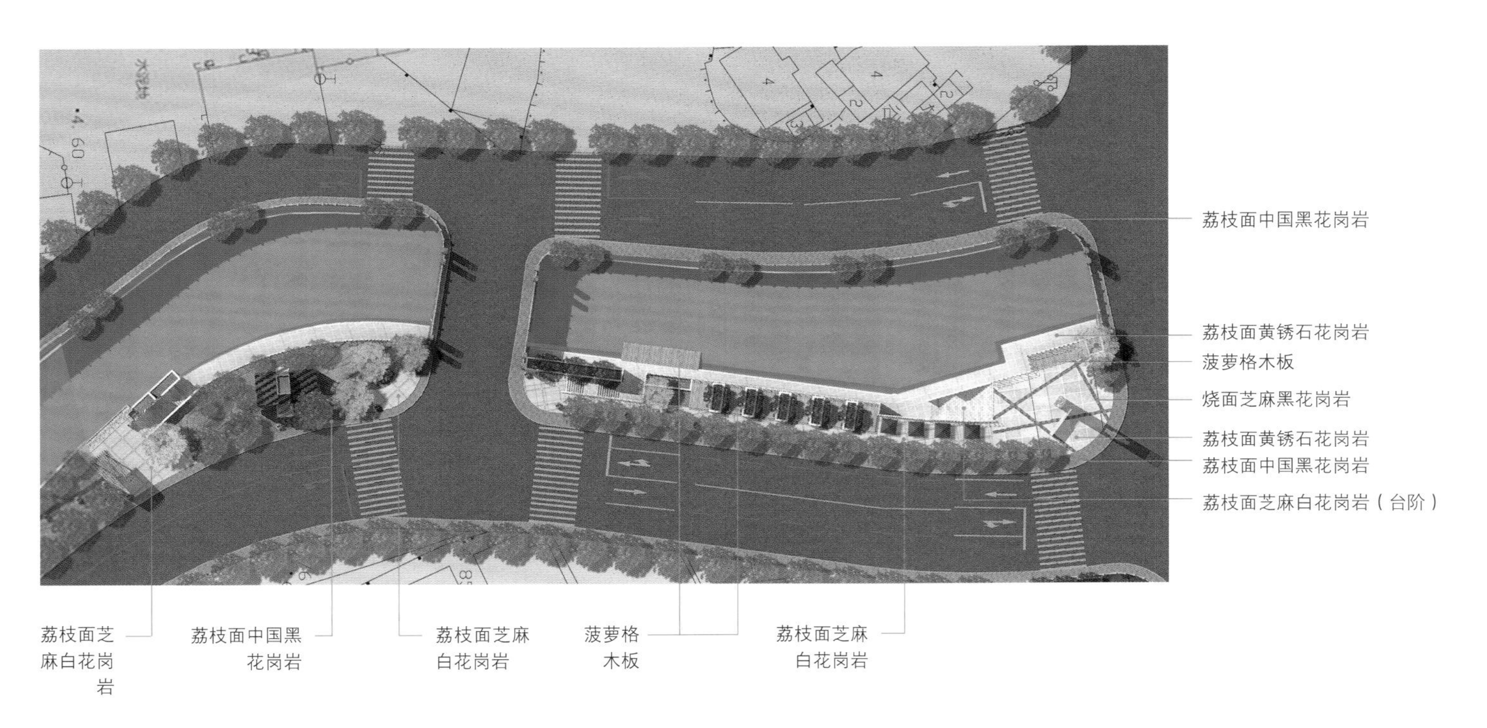
荔枝面中国黑花岗岩
荔枝面黄锈石花岗岩
菠萝格木板
烧面芝麻黑花岗岩
荔枝面黄锈石花岗岩
荔枝面中国黑花岗岩
荔枝面芝麻白花岗岩（台阶）
荔枝面芝麻白花岗岩
荔枝面中国黑花岗岩
荔枝面芝麻白花岗岩
菠萝格木板
荔枝面芝麻白花岗岩

39D 区铺装平面图

1. 水上步道桥夜景
2. 小城河改造后鸟瞰

费城林荫道

项目地点：波兰，托伦　　**设计时间：**2015年

托伦城位于波兰北部，建于1231年，紧邻维斯瓦河（VistulaRiver），当时是朝圣者的庇护所。托伦城已有800年历史，拥有丰富的历史文化底蕴。针对费城林荫道（Philadelphia Boulevard），路兹&范弗利特设计工作室（LOOS van VLIET）的设计目标是将城市、道路与河流融为一体。设计师将费城林荫道视作从城市景观到河流景观的过渡空间，从林荫道上能欣赏城市的风景和古老的城墙。

清理工作

根据上述设计策略，首先要进行清理工作，让林荫道呈现出一个统一的环境形象。道边所有有价值的本地原生树木都保留下来，移除阻碍视线的异域松柏。由机动车道改为林荫道，道路宽度缩小了，夏季不对车辆开放，减少了交通的喧嚣，周围的城区环境也更安静。荷兰有研究表明，道路宽度缩小并增加鹅卵石铺装有助于减缓车速。

整体环境

步道、台阶、休闲区、植物等元素的布置旨在营造一个和谐一体、过渡自然的整体环境。根据既定的地势高差，餐厅、剧院、运动区、游乐区等功能区都包含在林荫道中，避免了城区的拥堵。

设计单位：路兹&范弗利特设计工作室

委托客户：托伦市政府

费城林荫道鸟瞰

维斯瓦河视野

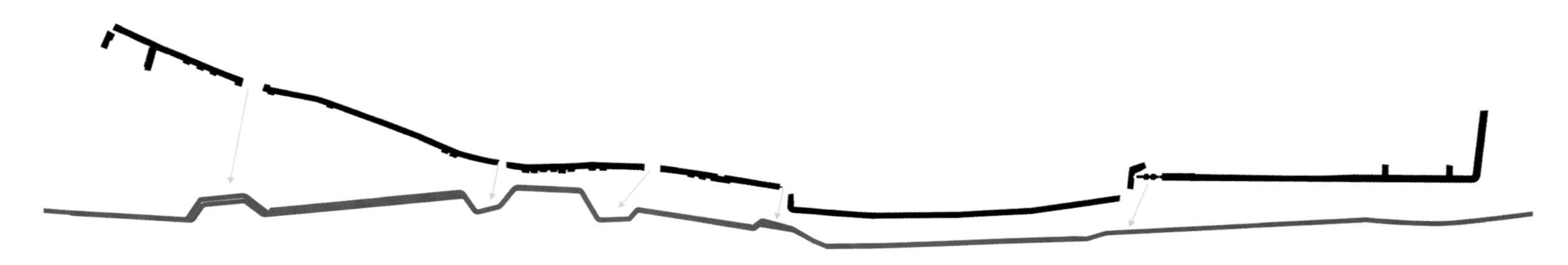
城区、城墙与林荫大道关系示意图

分区示意图：休闲区、文化区、自然区

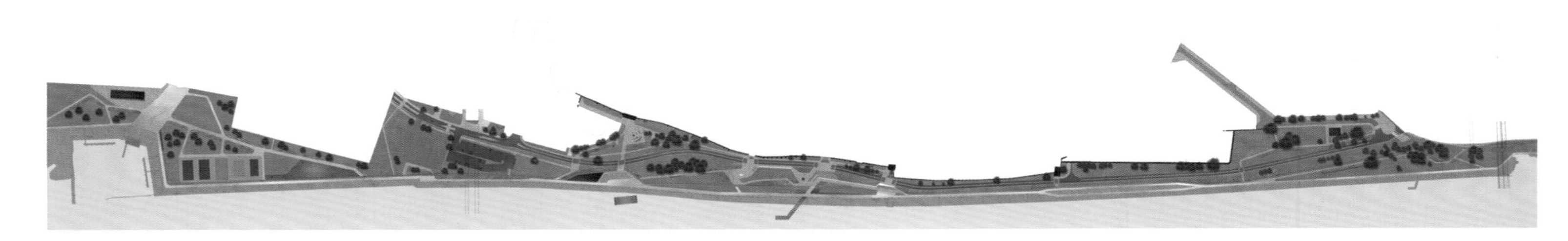
景观规划图

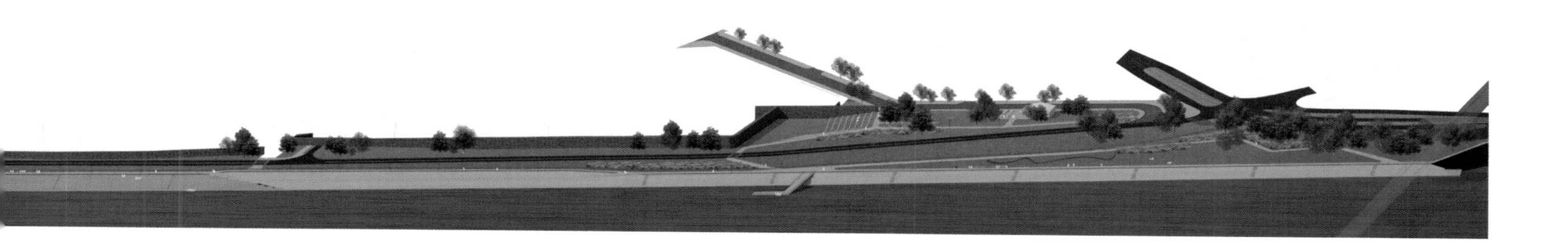

1. 维斯瓦河沿岸景观

1

餐厅掩映在茂盛的景观环境中，从最低处的滨水平台上能够看到，保证了景观高差的视觉衔接。另外一个凸显环境整体性的因素是色彩。城区内的地面铺装材料是灰色石材。林荫道也沿用了这一色彩，实现了市内与滨水步道两个环境的统一。但是，铺装方式上有所不同，比如地砖的大小和表面处理。街道小品也延续了灰色，只有座椅除外，座椅是原色木材。

此外，植物的使用也让环境显得更加整洁而统一。设计采用草坪，搭配本地原生禾本植物和多年生植物。植栽的构成从人文环境到自然环境实现自然的过渡。

城区入口

林荫道呈现出线性的基本构造，包括步道、草坪和滨水区。这种结构让林荫道与城区的衔接——即城区入口——呈现出多样的变化，有花坛、休闲区、镜面式水景、餐饮区，河边还有一个小型阶梯广场，在林荫道上形成一个“景观序列”。西侧毗邻Pilsudzkiego大桥处还新增了一个入口，但跟其他的城门式入口不同，而是一块坡地，直通河边，在城区与林荫道尽头之间建立了衔接。

倒影

托伦是波兰天文学家哥白尼的故乡。托伦城的影像倒影在河面上。设计师由此受到启发，萌生了“倒影”的设计主题——让宇宙倒映在林荫道上。除了河面之外，林荫道上还有两处水面。林荫道上还有无数不锈钢材质的白点，象征着宇宙中的星云，地面下有内置照明，照明装置的材料采用玻璃钢。城区入口和广场处，喷泉水景形成梦幻般的迷雾效果。

三个分区

林荫道分为三个部分。西侧的部分主要是运动区和游乐区。Pilsudzkiego大桥以西的带状区域布置了体育场、船舶下水滑道以及出租自行车和划艇的地方。沿着步道就是游乐区，布置了各种公共体育器材。

中间的部分是人文历史区。东侧的部分更贴近自然环境。东边栽种大量植被，让市民有更多亲近大自然的机会。东侧还有儿童水景，孩子们可以在此戏水。可以说，这个部分的功能设置既有需要积极参与的体育运动，也有比较轻松的休闲环境，能够满足不同的使用群体的需求。

基础设施

这条林荫道不只用于步行，也面向公共汽车、（水上）出租车、私家车和自行车开放。林荫道的两个尽头（一边是Pilsudzkiego大桥，另一边靠近车站）都设置了停车场。停车场上有租车的地方，游客可以在这里租用自行车，骑车在林荫道上游览。Pilsudzkiego大桥处的停车场分成三个部分，一部分用于停放25辆公共汽车，一部分用于私家车（有超过100个停车位），还有一部分用于摩托车（11个停车位）。入口的位置经过精心设计，左边留出一条道，避免交通拥堵。公共汽车乘客下车后也十分方便，在去往城区入口的路上就能租到自行车。车站附近未来会规划更多停车位。

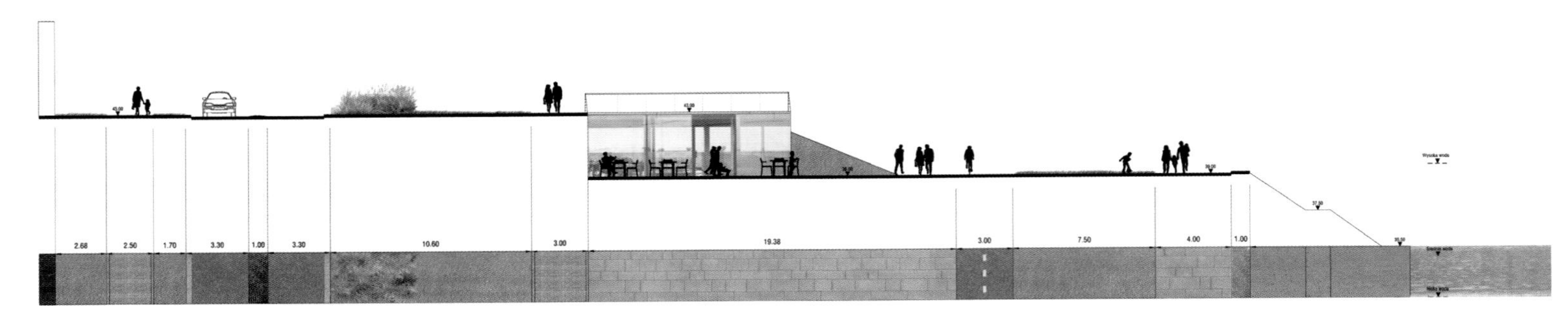

餐厅剖面图

效果图

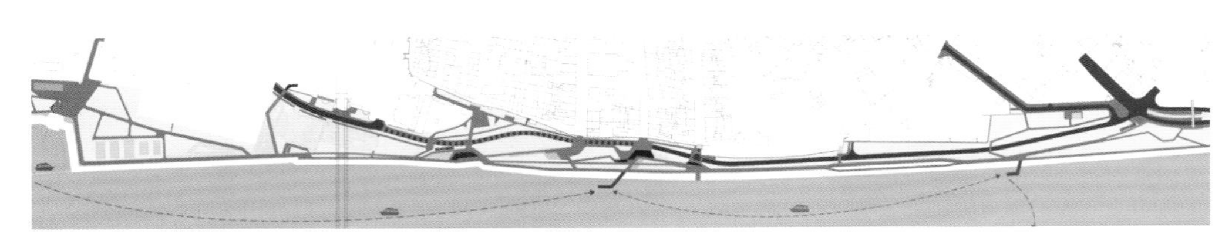

基础设施

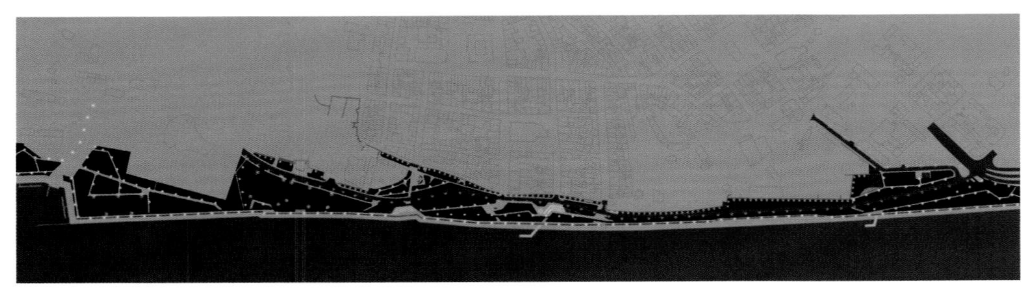

照明

铺装

铺装材料选用天然石材，但机动车道和自行车道除外，后两者使用沥青。自行车道看上去与众不同，因为表面采用了一种特殊材料——金刚砂，让车道看上去更有光泽。自行车道两边都有5厘米的钢边，连绵的金属线条使人想到这里从前的铁轨。人行步道上的铺装石材尺寸较小，图案简单，而林荫道上则用尺寸大小不同的石材，但整体尺寸比人行步道的石材要大，图案没有方向性。这两种路面都是光滑的表面，方便所有人群使用。天然石材经久耐用，即使变旧了也不会显得过时。

街道小品

林荫道上使用了一系列的街道小品，设计力求简洁、经典。照明装置、果皮箱和自行车停放架都采用钢材。果皮箱上还有精致的星形图案。座椅是一个系列的设计，同中有异，既有独立式单人座椅，也有长椅（带靠背或者不带靠背），有的长椅跟栏杆连为一体，还有更大型的座椅，人可以躺在上面。座椅主要采用石材，除了木质单人椅。木材带来温暖的气息，让环境显得更加舒适宜人。

照明

原有的照明装置回收利用，也是简洁、经典的风格。沿步道设置了灯柱，使用LED照明灯。城墙采用地面的射灯照明。公路上保留了原有的经典风格的照明。所有台阶，每一级都布置了线性照明。广场上是地面玻璃钢材质的星星点点的照明。

植物布置

植物布置分为两种类型。西侧和东侧是更贴近大自然的风格，有禾本植物和开白花的多年生

植物。中间部分属于人文景观风格，有草坪和开蓝花的植物。禾本植物都是本地原生植物。植物品种的选择考虑到景观一年四季的观赏性。草坪夏季和冬季都具有观赏性。鳞茎类和多年生植物的选择主要考虑要让每个月都保持有鲜花盛开，色彩缤纷。选用的植物适合公共环境下的养护，可以在三月修剪，草坪生长迅速，很快就能变成一张厚厚的“绿毯”，让野草无处生长，养护更加容易。

餐厅

城区中央入口对面的广场上有一家餐厅，设有户外露台，从露台上能欣赏城区的风景，包括城墙和城门。从人行道上也能看到这家餐厅，一条坡道从高处下来，直通餐厅露台。因为餐厅也是林荫道的一部分，所以露台上也采用了相同的天然石材铺装。餐厅建筑毗邻河流的立面是一整层高的玻璃幕墙，采用先进的“阳光控制膜”。透过这面玻璃幕墙能看到河流全景。河水水面基本上不可能会漫到餐厅地面以上。

剧院

信息中心对面是一个户外阶梯剧院——一个漂浮的舞台，舞台和台阶都略微旋转，朝向夕阳的方向。舞台随河面高度而变化，不过河面高度基本上是固定的。因此，舞台是以一系列护柱固定在河边。这个舞台原来就有，只不过进行了扩大，可见性更好。舞台上分成前台和后台两个区域。这是个临时舞台，所以设计选用了一种轻型桁架，在上面撑起帐篷。只要拆掉护柱，舞台可以很方便地拆除。

码头

河边设置了一个浮桥码头，下面有系船柱，旁边还有一条轻型桁架桥，桥下是滚动支座。码头的方形格局是借鉴了Pilsudzkiego大桥的平台。

运动与游乐区

林荫道相当于从城市欣赏河道景观的“阳台”，人们可以在这里聚会、休闲、娱乐。这里设置了运动和游乐区，还有户外电影院。你也可以只是看看参加运动的人们或者玩闹的孩子们。

公共活动的焦点在林荫道的西侧靠近码头的部分。这里设置了一系列运动区，还可以出租划艇。这里的活动更适合想要参与体育竞技的人们。而针对那些只想沿着河边慢跑的人，沿河也设置了一些公共运动器材。这些器材也对儿童有着不可抗拒的吸引力。平静无波的水面偶尔会因为喷水嘴的启动而泛起波澜。林荫道东侧部分有为儿童设计的水景，孩子们可以安全地戏水，与维斯瓦河亲密接触。孩子们可以操纵水泵，让水流从台阶上流过，注入河中；操纵挡板，可以阻隔水流。

1. 林荫道景观
2. 阶梯广场
3. 平台
4. 戏水花园

安徽合肥万科“城市之光”项目；摄影师：王睿

铺装——不只是脚下

文：贝龙

澳派景观设计工作室的设计宗旨是打造以人为本的环境，用我们的话说，是“具有幸福感的场地”。

为此，我们将设计视为一系列的分析、评估、研究与开发，这其中既有设计师的个人决策，也有集体智慧，而我们做这些的目的是让环境体验抓住并唤起人们感受空间时的情感。

为实现这个目标，我们将所有项目的设计出发点定位在“人”，我们的“设计之旅”的起始点就是深入分析评估我们设计方案所针对的目标人群。这类分析会触及影响设计的方方面面，包括地域文化、社会、传统、环境、目标人群的年龄段（青年、少年、老年等）、背景以及潜在的美学标准（目标人群有意识或者无意识的欣赏美学标准）。在这样分析的基础上，我们再做出一系列的设计决策，包括设计元素、尺度、构成、朝向、空间序列、色彩、质地、表面处理、植栽布置、照明设计、景观小品以及我们这里要说的——铺装。

在我写这篇文章时，首先面临的挑战就是如何从景观设计师的众多设计元素中将“铺装”单独拿出来考虑。下文将会涉及有限的几个方面，都是跟铺装设计关系最为紧密的方面，我们还会说到，作为景观设计师我们还能做什么，以期带来更好的环境体验。

澳派的设计一贯注重品牌、文化、地域、创意、活力这些理念。本文将为读者真实展现澳派设计师在整个设计过程中是如何实现上述理念的。

反映地域文化

作为景观设计师，我们不仅要为人们营造美观的环境，我们还能让人们更真切地体会到当地的历史文化。澳大利亚阿德莱德的哈特作坊游乐场（Hart's Mill Surrounds）改造工程证明，以家庭为出发点的现代公共环境设计——包括其铺装设计——是可以从用地自身的历史当中汲取灵感的。设计中使用黄色管线作为最重要的设计元素，地面铺装上相应采用黄色线条，设计灵感来自在历史悠久的磨坊建筑内发现的传统传送带机器。最终的设计是一个充满活力、大胆创新的家庭玩耍活动场地的同时，又带有强烈的地域文化特色。

从康格巴曼技术学院汽车中心（Kangan Institute Automotive Centre of Excellence）的设计能够明显看出，设计师是在运用汽车工业生产过程作为设计的主题。铺装表面嵌入了汽车配件——螺栓和螺母。这些元素不会妨碍道路安全，反而像“猫眼”一样，暗示了汽车停靠区的范围，也跟建筑立面上的“V”字型图案相呼应。主广场上，铺装地面上嵌入了钢铁这一工业元素，彰显了场地原来的用途及其对当地社区发展的重要性——这里从前既是钢铁制造厂区，也是社区医院。

重庆万科西九城市广场；摄影师：安德鲁·洛依德

品牌一致性

在中国，各个方面的设计通常是分开来做的，比如建筑、室内、景观、导视等，各方面之间的关联性很有限。作为设计师，我们希望寻求各个设计领域之间的合作，但是各方之间的设计日程不尽相同。有时，设计最终呈现出来的效果会让人感觉不一致，我们可能失去了营造环境品牌一致性的机会。

如果铺装材料的选择考虑到建筑和室内使用的材料，那么铺装就可以成为整个项目设计中的一个统一和衔接元素，让室内和室外空间实现视觉上的关联。这样，室内和室外就能形成一致的环境体验，树立起特有的“环境设计品牌”。

墨尔本圣詹姆斯广场（St James Plaza）改造后的铺装设计延续了同样的形式，这种形式也体现了场地原来的用途。铺装的风格、色彩、尺度和表面处理以及木材的使用，都考虑到了旁边建筑的视觉效果。铺装仿佛在室外和室内入口之间穿梭，在两个环境之间建立了紧密而自然的衔接。荔枝面铺装进一步增强这种衔接的同时，更好地烘托了建筑的风格特点。铺装之上的石墙不仅使得人行动线更为明显，更为过往的人们提供了座椅，供他们相聚坐下休憩或聊天。此外，墙体的设计也是为了解决广场的问题，较低处则以木平台的设计处理。

墨尔本圣詹姆斯广场；摄影师：安德鲁·洛依德

广州西塔四季酒店的建筑设计呈现出晶莹剔透的建筑形象。景观设计也延续了这一风格，地面铺装上采用鲜明的线条，以中央的建筑为中心呈辐射状布置，夜晚在照明效果的烘托下更为显眼，是整个景观设计的框架，让室内外环境之间建立了紧密的衔接，表现了设计对场地的地形地势、几何结构、植栽布置以及从室内到室外的空间顺序等方面的把控。

独创性

从我们踏出家门、进入城市环境的那一刻起，铺装就支配着我们对周围环境的视觉感知。中国的铺装绝大部分都是政府的标准街道铺装，虽然偶尔在广场处会有不同或使用一些带状装饰铺装，但最终形成的是一种千篇一律的地面形态，缺乏新意，只会让大脑麻木，无法给人们留下深刻的印象或持久的记忆。这种近乎于标准化的地面处理不注重独创性，不在意是否能在周围的环境中吸引眼球。

然而，如果项目的情况允许的话，铺装能在环境营造中起到至关重要的作用，能跟周围的环境和历史传统产生紧密的关系，为我们的日常生活环境在视觉上增添一道光彩。

安徽合肥万科“城市之光”项目是一个滨水开发区，位于河流南岸，风景秀丽。这个项目的铺装设计就很有亮点，以河水的流动为灵感，注重人的环境体验，营造了适合行走、相聚与交流的城市环境。

设计运用了“无意识感知”（PWA）原理，整体设计框架的空间韵律由呈现流畅线条的铺装组成，不知不觉指引着人们的行动路线，引导人们步入商业零售区并在餐饮空间内逗留。整体设计采用了三种标准方形铺砖和三种色调，形成流畅的弧线造型。

万科西九城市广场的设计证明，生动大胆的铺装设计能够创造具有地域特色的城市景观，打造以人为本的环境，从周围的城区脉络中脱颖而出。跟中国其他地方的大部分空洞的标准化广场相比，这个项目设计灵感来源于当地独特的自然景观环境，以社区为导向，营造出一系列一人为本的空间体验。

周围山脉与河流的特征通过铺装的平面图案、线性的水景、高出地面的花池以及花池边的木质座椅和混凝土台阶完美地体现出来。场地四周高于中央，整个广场形成一个半封闭的空间，更突出了望向购物中心的视线。

激活平台

仅空间自身并不能形成一种环境氛围，空间的激活对于任何项目的成功和可持续性都很重要。铺装自身并不能实现这个目的，但是，铺装能够营造一个空间激活的平台。为了创造一种“黏性空间”，让人能被吸引到这个空间中来，更重要的是，能在这里停留，除了铺装设计之外，我们还需要多重手段，来促进人们的社会交往，为他们来此休闲、聚会、流连提供充足的理由。

比如说，南极星商业街（Southern Cross Lane）毗邻户外就餐区，行人往来如织。地面采用青石铺装，线条清晰简洁，朴素低调，跟旁边街道的地面相一致。青石中穿插布置浅色花岗岩，丰富了地面的图案和质感，进一步引导人行流线。同时，建筑外立面与地平面形式、繁华空间中的咖啡馆和店铺联系成一个和谐的整体。

悉尼高线公园（The Goods Line）的设计，展示了以人为导向的都市激活中最新的想法和理念。这个主题公园位于悉尼人口最密集的城区的中心，是纵贯城区的一条重要衔接线，也是带动城市活力的平台。

这个线性空间具备多重功能，为悉尼市民的社会和文化需求服务。主要的铺装区域反映了场地的历史——从前这里是工业用地，采用大面积的预浇筑混凝土板材，搭配砾石和钢格栅。混凝土板材铺装区形成了一个风格统一的平台，上面适合进行各种活动，包括永久活动和临时活动，动态活动和静态活动，单独活动和集体活动，日间活动和夜间活动，确保这个地标式都市空间24小时处于激活状态。

广州西塔；摄影师：陈声明

澳大利亚阿德莱德哈特作坊游乐场；摄影师：唐·布莱斯

澳大利亚康格巴曼技术学院汽车中心

南极星商业街；摄影师：安德鲁·洛依德

悉尼高线公园；摄影师：佛罗莱恩·格罗恩

贝龙

澳派景观设计工作室亚洲区总监。

作为澳派景观设计工作室亚洲区总监，贝龙先生（Stephen Buckle）是一名极富激情、创意的知名国际景观设计大师，他的作品以极具创意的现代设计风格、对自由思想和对细节处理的完美追求而著称。

贝龙先生善于创新、追求完美，在工作中他不断尝试将景观设计、艺术和城市设计相互融合，其作品给人以独特、印象深刻的体验。

贝龙先生的作品饱含了现代设计哲学，每一个作品都十分独特，设计灵感都来源于他对当地人文、环境、气候和地质地貌的感知，因此每个设计不仅凸显了项目的独特魅力，也体现出他敢于挑战如今传统刻板设计的创新精神。

武汉汉街万达广场；图片由路兹 & 范弗利特设计工作室提供

景观中的铺装设计

文：玛汀·范弗利特

铺装设计应该为景观环境添彩。选用的材料最好要跟周围环境、当地历史和场地的用途相一致。铺装的图案不应该是通用的，而应该是专属的定制图案。

环境

在荷兰，你会发现，历史悠久的古城、沙土地质的山村或者滨水而建的渔村，在地面铺装材料的使用上是大不一样的。比如说，城市环境里更常见的是天然石材，因为一般来说城市更富裕，能用得起比较昂贵的材料。沙土地质的山村会采用淡黄色的砖材铺装，而靠近砖厂的渔村则会使用红砖。所以，地理位置对于铺装材料的选择很重要。在中国，当地的花岗岩在铺装中广泛应用。我们认为，材料的选择要针对所在的环境，营造出来的环境形象要适合项目所在的地方。在中国用花岗岩，荷兰用砖材，比利时用天然青石，意大利用大理石和天然石材，英国用砂岩，等等。

地表的情况也决定了铺装的选择。比如说，你会发现西班牙和法国用石材加水泥比较多，因为那里地面条件稳定，冬季气候温和。而在海拔较低的国家，比如荷兰，铺装会下沉，所以用的是沙子而不是水泥。

历史文化

除了地理环境之外，历史和文化也很重要。比如说，中国有很多传统图案，可以在铺装设计中借鉴，这样，设计也能跟中国传统文化挂钩。比如说，湖南的地面铺装中会使用碎玻璃图案。荷兰东部城市代芬特尔有使用天然石材铺装的传统，这些石材就在匠人的铺子门口打磨制作，处理地面高差的问题也使用这种石材。当地的地面铺装在翻新改造时也将这样的传统延续到设计中。

除了图案之外，铺装设计的灵感也可以来自其他方面。比如荷兰弗里斯兰省的约勒小镇，古老的铁路拆除之后，反倒成了铺装设计的灵感之源。当地将地下排水管道上方的铺装设计成与铁轨同样的尺度。

如果是新的开发区，周围没有特定的历史文化感，则可以寻求新的主题，比如沈阳的市府广场铺装使用了玫瑰的图案，因为玫瑰是沈阳市市花；也可以从周围建筑中寻找铺装的灵感，比如武汉某地的铺装呈现出与UNStudio事务所设计的建筑同样的图案。水资源在武汉一直是个重要问题，而上述的图案设计灵感也是源自于水。地砖大小不一，上面有如流水般流畅的图案，搭配不同大小的圆圈，圆圈处使用了不同的材料。这样的铺装不仅带动了环境氛围，也具有方向性和引导性，引着人们来到建筑入口。

新技术

可供选用的新技术越来越多，激光技术让精美的图案和文字都能刻在石材表面上。此外，还有不断推陈出新的铺装产品，比如“夜光道”，能在刚入夜的几个小时里点亮；再比如，只在冰冻条件下才显出的图案。这些都为设计师带来更多的可能性。

可持续性

“夜光道”其实是一种环保的可持续设计，能够减少照明灯的使用。透水铺装也属于可持续设计，防止地表雨水径流。有些材料年深日久反而会更有美感，不失为可持续设计的上佳之选。比如说，天然石材使用时日越久越有魅力，而混凝土通常只会越来越旧，价值缩水。

沈阳浑南中央公园；图片由路兹 & 范弗利特设计工作室提供

未来使用

环境的未来使用和养护也很重要。荷兰的环境改造总是重视材料的更换。通常，砖材的美观性能够保值，而混凝土经过一段时间就会显得破败。旧砖通常是比较昂贵的，可以重复使用。

未来的使用者也在一定程度上决定了材料的选择。是专为行人用的步行道，还是车辆也可以使用？铺装材料的大小、色彩以及未来可能出现的脏污，这些都要综合考虑。此外，还要特别注意地下可能存在的电缆线和管道。有些城市，如果排水管道维修，铺装需要重新做的时候，必须找原来的施工方，才能确保铺装的效果跟原来一样。

设计

铺装是景观设计中的一个重要部分。细节的处理对于设计的成功很关键。有关基层的结构、石材的处理、排水管道的布置等，这些技术知识会让设计效果看上去更精良。

有些地方的环境具备自身的特色，这也可以作为设计的出发点。荷兰东部城市阿纳姆新建的火车站，地面铺装存在高度的变化，就是因为用地本身就有高差，非常有特点。荷兰乌德勒支省的尼沃海恩市中心建有地下停车场，地面上缺乏绿色植物，于是，铺装使用了花卉图案。

在沈阳市最重要的广场之一——市府广场——的设计方案中，地面铺装的图案使用了沈阳市市花——玫瑰。市府广场周围高楼林立，广场上的铺装图案从那些大楼中清晰可见。而站在广场上看，你会发现那是非常精美的装饰图案，化解了广场巨大的体量感。

荷兰北部的布拉克里姆有一个新开发区，里面建了若干个广场，全都以栽种树木来树立形象，每个广场一种树，各不相同。在铺装上，图案的设计受到树影形态的影响，其实铺装图案本身是没有方向性的。韩国首尔的铺装出现了皮带的图案，有不同的颜色，还使用了黄铜地砖。

阿纳姆市有一个新广场，在动物园对面，铺装设计使用了蝴蝶翅膀图案，所以，环境的使用和功能也可以作为铺装设计的灵感。怎样才能更适合这个环境，更好地为这个环境树立鲜明的形象？这可以成为设计师进行设计决策判断的准绳。

玛汀·范弗利特

玛汀·范弗利特（Martine van Vliet），荷兰景观设计师、城市规划师，路兹&范弗利特设计工作室联合创始人。范弗利特女士1995年毕业于劳伦斯坦农业大学（IAHL），1995年-2001年在阿姆斯特丹建筑学院学习城市规划，并通过了城市规划和景观设计两项国家考试。2001年-2009年，范弗利特与路兹在B+B事务所共事，两人都任主管，并于2009年联手创立了路兹&范弗利特设计工作室。2013年在沈阳新成立的NRLvV设计事务所，范弗利特也是联合创办人。范弗利特在城市规划、景观设计和公共空间等领域均有涉猎，设计规模不一。她的设计总是将特定环境及其特色作为出发点，运用创新的设计手法打造特色鲜明的、持久性的设计，注重细节的处理。植被在她的设计中也是一个重要部分。

铺装、建筑、环境：圣文森特广场铺装设计

——访LDA景观设计公司总监克斯汀·泰勒

克斯汀・泰勒

克斯汀・泰勒（Kirstin Taylor），英国注册景观设计师，自2002年起从事景观设计工作，于2013年3月加入LDA景观设计公司（LDA Design）任总监，主持新建的LDA格拉斯哥分部的设计工作。
加盟LDA之前，泰勒在格拉斯哥的一家小型设计公司任总监若干年，之后的2005年至2012年间任RMJM建筑事务所欧洲景观设计部主任，负责管理伦敦、格拉斯哥和爱丁堡的设计团队。
在14年的景观设计生涯中，泰勒曾经手各类公共环境设计和规划项目，地域范围包括英国及海外，如中国、俄罗斯和中东等地。
LDA格拉斯哥分部建立以来，泰勒已经设计了多种类型的项目，包括观山区改造总体规划（Sighthill Transformation Regeneration Masterplan）、圣文森特广场（St Vincent Plaza）以及苏格兰中部绿化规划（Central Scotland Green Network）等。

景观实录：您认为铺装在景观设计中起到什么样的作用？

泰勒：铺装在景观设计中有着至关重要的作用。就拿圣文森特广场来说，铺装需要保证高品质的、经久耐用的地面，才能满足设计初衷的要求——吸引更多的脚步，恢复圣文森特大街和威廉姆大街之间历史上的衔接，加强用地南北双方向的渗透性。铺装的处理简单粗糙，高差的变化旨在不仅加强区域间的渗透性，而且要打造让人真正愿意停留的城市开放式空间，创造出有价值的社交空间。

铺装也成了这个设计中的一个特色元素。圣文森特大街上使用了苏格兰凯斯内斯天然石材，建筑的主入口前就是这种地面，这种铺装代表了格拉斯哥特色，是格拉斯哥市中心的典型铺装地面，让建筑物更好地融入了街道景观。

从台地向下走的时候，你会看到铺装材料逐渐的变化，从深色到浅色慢慢过渡。这种色彩跟建筑外墙花岗岩的三种色调相呼应。因此，可以说铺装起到了让建筑融入周围环境、融入城市景观的作用。

景观实录：如何选择铺装的风格、色彩和材质，使其与周围景观相协调？

泰勒：在圣文森特广场的设计中，我们与负责办公楼设计的建筑师紧密合作，因为我们的设计重点就是让铺装效果与建筑互补，让建筑和户外空间实现无缝对接。建筑物的外立面使用了花岗岩和玻璃，而铺装使用的凯斯内斯石材和花岗岩骨料恰到好处地做到了与之协调相融。花岗岩骨料的色调和外观经过精心设计，与建筑外墙三种色调的花岗岩相得益彰。

景观实录：铺装设计最基本的要求是什么？

泰勒：公共环境设计的基本要求之一就是经久耐用、可持续，能够经受时间的检验，尽量降低未来的养护需求。因此，我们要为长远而设计，要考虑公共环境未来管理和养护的问题。如果可能的话，我们尽量使用高品质的铺装材料，圣文森特广场就是如此，天然石材（凯斯内斯石材）和高品质花岗岩骨料相结合。

“可建性”也很重要。在我们的图纸上，铺装有精确的参数数据，确保施工建设中的可行性，铺装材料的切割、排水管的处理等问题都要考虑周全，确保最终铺装地面的效果和品质。

景观实录：哪些因素会影响您的铺装设计？

泰勒：圣文森特广场的公共空间是面向公众开放的，一部分空间由市政府负责，还有一部分是私人负责养护。因此，我们使用了与圣文森特大街相同的凯斯内斯石材。我们希望能通过良好的设计和材料选择，降低养护需求。高品质的铺装材料能保证长远使用的持久性。

可持续性也是很重要的一点。通过设计像圣文森特广场这样的项目，我们已经总结出了可持续设计的标准。圣文森特广场的设计得到了英国建筑研究院环境评估（BREEAM）的“优秀级”认证。除了空间的绿化之外，我们还注重可持续的高品质材料在公共环境中的使用。在这个项目中，基石材料全部是回收利用的，其他全部材料都是A级绿色材料。

景观实录：能否谈谈圣文森特广场的设计理念？铺装设计的概念是如何产生的？

泰勒：LDA的设计团队采用了合作讨论的方式，提出了三种设计理念；这是我们作为设计师的基本的合作式工作方式。之后，我们与施工方联系，确保设计方案的可建性以及成本规划的可行性。铺装的设计概念是：台地从高到低，色调从深到浅，接近高速公路隧道的地方颜色最浅。在最终的设计中，这样的概念得到了巧妙的实现。

景观实录：设计概念面临哪些挑战？

泰勒：对我们所有的项目来说，施工预算都是个重点问题。在圣文森特广场这个项目中，我们希望在预算限制的情况下，尽量实现设计概念，并确认了在这样的条件下打造尽量美观的环境的若干方法。在设计阶段初期我们就制定了成本规划，那时候设计还可以灵活变通，我们能够进行必要的改正，以便确保设计方案的可行性，既不影响环境的使用功能，又呈现出高品质的设计效果。

景观实录：您认为成功的铺装设计有哪些特点？

泰勒：跟土木工程设计团队保持紧密的沟通，这一点对铺装设计的成功至关重要。此外，还要确保底基层的建设质量，能满足大量车辆和行人的荷载。排水管道的位置和井盖的处理等问题要综合考虑。我们会跟工程师紧密合作，确保最终的铺装设计考虑到上述所有问题，并且铺装的参数数据符合排水管道和路缘的情况。全面的考虑让我们能够拿出详细的设计方案和图纸，进而保证高品质的施工。如果不能对这些问题考虑周全，那么最终呈现出来的效果就可能不尽如人意，不论所用的铺装材料如何高档。

景观实录：景观业最近有什么令您感兴趣的设计方法或理念？

泰勒：绿色基础设施以及“以景观为导向”的总体规划是我们设计中的重点。在我们看来，规划不只是营造建筑的背景环境，而是要为人们创造一种环境。设计与环境相结合，这意味着LDA采用的是一种多功能的综合设计方式。运用这种设计方式，我们已经成功实现了英国最具远见的几个绿色基础设施项目。

绿色基础设施能让景观同时实现社会效益、环境效益和经济效益。它是我们对环境进行积极的、可持续的规划、设计和管理的有效工具。

“多功能性”是绿色基础设施规划中的常用术语，意思是单一的元素具有多重的功能。比如说，行道树不仅能美化城市环境，还能改善空气污染，带来阴凉，有助于建设生物多样性。

以格拉斯哥观山区改造总体规划为例。在这个项目中，绿色基础设施的前期投资与开发被视为未来投资的动力。通过这个项目，LDA开发出了一套丰富的公共环境设计框架，为社区居民提供实用的公共空间，具有休闲娱乐、生态建设与环保宣传等多种功能。在这个项目中，我们希望将蓄水区开发成多功能特色景观，既是休闲区，也有利于生物多样性，还具有基本的蓄水功能，是整个绿色基础设施网络中的一环。新开发区与周围环境的衔接也很重要，我们的设计方案实现了两者之间的实体衔接与生物衔接，在整个项目用地上铺设了一张集多种生物栖息地于一体的“绿毯”。

英国格洛斯特码头（Gloucester Docks）；图片由 LDA 设计公司提供

铺装——融合，而不是填补

——访英国景观设计师坎农·艾弗斯

坎农 · 艾弗斯

坎农·艾弗斯（B. Cannon Ivers），毕业于哈佛大学设计研究院（GSD），英国景观设计师协会（LI）创始会员，英国LDA设计公司（LDA Design）合伙人，LDA伦敦分公司主创设计师。LDA是一家独立的设计咨询公司，专注于建筑、环境和可持续设计。创立30多年来，LDA的设计作品遍布英国及海外，获奖无数，在私人与公共领域均有所涉猎，尤其擅长公共环境和现代城市公园的设计。艾弗斯兼顾设计理论与实践，在3D设计、数字景观、"空间编程"、智能水景设计、低维护景观设计等方面均有研究并发表文章。艾弗斯的设计致力于激活公共环境的潜能，鼓励公共空间的使用，提升社区凝聚力。艾弗斯在设计中强调因地制宜的分析，为每个项目打造独一无二的设计方案。

景观实录：您认为铺装在景观设计中起到什么样的作用？

艾弗斯：我记得电影《肖申克的救赎》里面，安迪越狱之后，电影旁白有句话，"你会经常看一个人的鞋子吗？"其实这句话可以放到铺装设计上来讲讲。对于大多数人来说，他们每天走过我们创造的景观环境，却从不会注意到去欣赏铺装的任何细节。可是，选对一双鞋子却是你出门的完美搭配的最后一环。环境设计也是一样。铺装就是那最后一环，它将各不相同的景观元素结合起来，融为一个整体，实现环境的视觉连贯性。

景观实录：如何选择铺装的风格、色彩和材质，使其与周围景观相协调？

艾弗斯：铺装设计具有实用性与美观性的双重功能，但是对铺装的设计要放在周围环境中来。举例来说，我在利物浦做过一个项目，当时我还在EDAW公司做景观设计，与詹姆斯·斯特里特（James Haig Streeter）合作。那个项目的地点在世界文化遗产"三女神"（Three Graces）的对面，当地有丰富的海运历史，码头工人曾经在这里辛苦地劳作。因此，在材料的选择上，应该使用粗粝、耐用的材料，既呼应当地码头的历史，又与世界文化遗产的环境氛围相协调。铺装设计取决于用地的先决条件——这里的公共空间几乎就没有平坦的地方。因此，广场地面高差的层次以铺装的变化体现

什里寺；设计：LDA 设计公司；图片版权：罗宾·弗尔斯特（Robin Foerster）

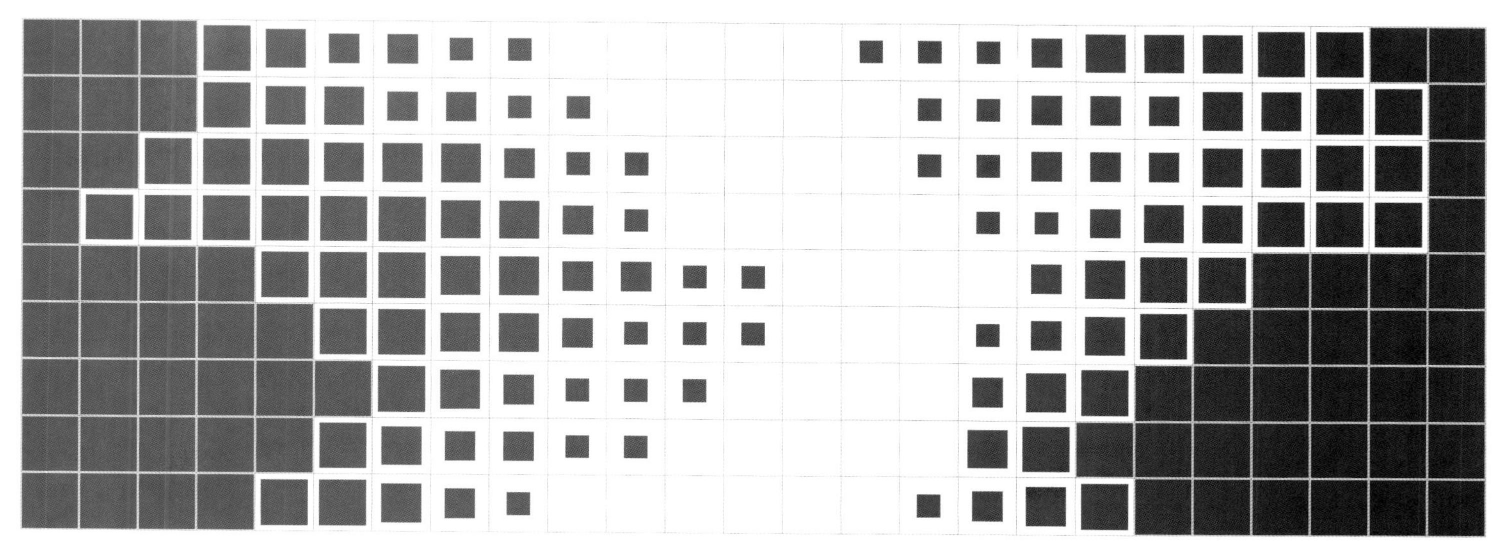

什里寺铺装设计方案；设计：LDA 设计公司

出来：大面积的区域采用大石板，而高差变化复杂的区域则用较小的铺装石材。这就好像蜥蜴进化出来的鳞片生长方式：大面积的体表生长的是较大的、耐磨的鳞片，而四肢和眼睛附近这些不断活动的地方则是较小的、精细的鳞片。蚱蜢也是这样。这个项目的铺装设计是我用CAD软件手工绘制的。

景观实录：铺装设计最基本的要求是什么？

艾弗斯：铺装是一个环境中最考验耐用性的部分，所以，耐用是最基本的要求。另外，防滑也很重要。抛开技术层面不谈，我觉得铺装应该是整体设计中的一部分，而不是其他都完成了，最后再去解决铺装问题。再以利物浦码头那个项目为例。铺装在那个项目的设计中就起到至关重要的作用，是整个设计的框架结构，全部的设计都在这个框架之内，而不是将铺装作为花池或者建筑之间的一种填补性质的元素——这是环境设计中很常见的情况。这是观念上的转变，将铺装视为一种系统，根据用地的情况进行因地制宜的设计。我们曾经参加过一个设计竞赛，我们为此开发了一种系统的铺装设计方法，让铺装成为设计方案中的一个基本要素。高线公园（High Line）的系统铺装也是个很好的例子，我们用木板铺装奠定了整个设计的基调，特色座椅的设计也是跟铺装相辅相成的。

景观实录：哪些因素会影响您的铺装设计？

艾弗斯：跟环境设计中的其他方面一样，铺装也应该放在特定的环境中，包括文化环境。比如说，我最近在伦敦刚刚完成的一个寺庙项目，是宗教礼拜的地方。从停车场到寺庙大门，铺装从浅色过渡到深色，好像灵魂经过一个净化过程，准备好去登上神圣的台阶。一条宽阔的小路采用花岗岩碎石铺装，从白色到黑色渐变。花岗岩当中，间或布置方形照明灯，白天几乎注意不到，到晚上点亮后却是完全不同的景象，成为带来惊喜的元素，也是环境氛围的催化剂。铺装还应该呼应周围环境。比如说，LDA团队设计的巴特西发电厂临时公园（Pop-up Park at Battersea Power Station），铺装从地面延伸到了建筑。铺装颜色的对比形成生动的韵律，人们走在滨水步道上会感受到环境的活力。

景观实录：您如何看待铺装设计的未来趋势？

艾弗斯：参数化设计和绘图软件的使用——比如草蜢（Grasshopper）——赋予了设计师新的工具，让我们可以快速方便地尝试多种铺装布置。这种不断更迭改进的过程和软件的运用会不断产生新的铺装几何造型和创意拼接方式。

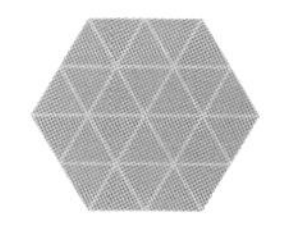
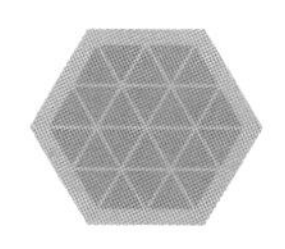
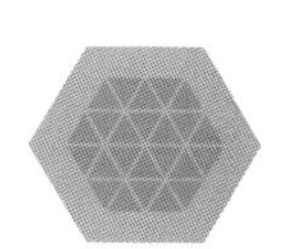
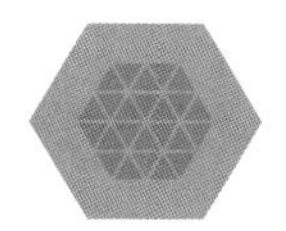
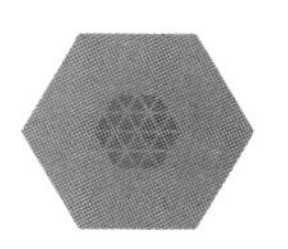
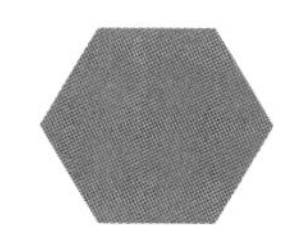

铺装设计方案，灵感来自北爱尔兰的巨人岬（Giant's Causeway）；设计：LDA 设计公司

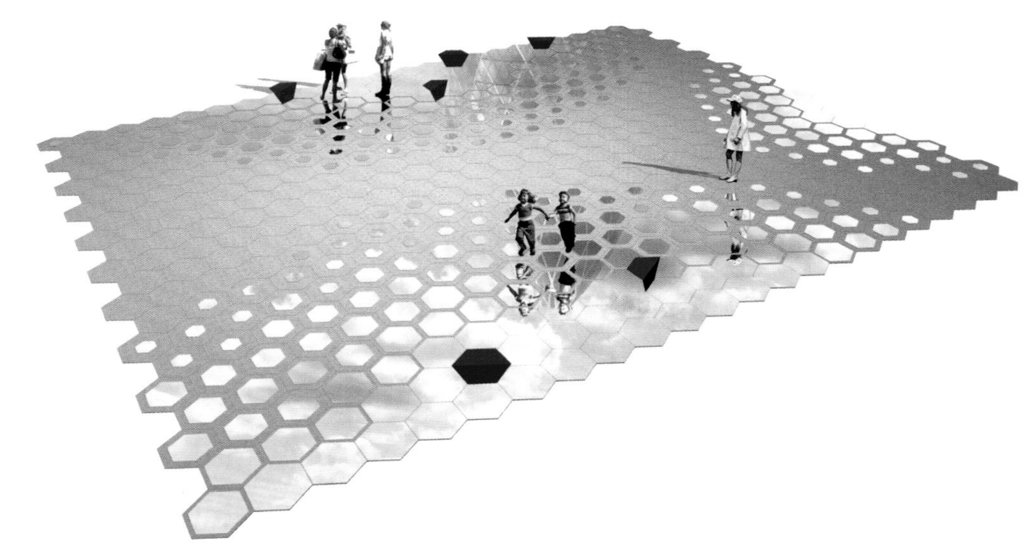

轴测图。通过地面铺装的曲折变化收集雨水，营造反光、动感的地面效果。

营造环境质感，传承文化内涵

——访美国景观设计师杰弗里·彭戈尼斯

杰弗里·彭戈尼斯

杰弗里·彭戈尼斯（Jeffrey J. Pongonis），美国景观设计师协会（ASLA）会员，MKSK景观事务所（www.mkskstudios.com）主持设计师。彭戈尼斯的设计致力于打造具有文化内涵的整体环境。他的设计既有注重细节的小型公共空间，也有规模宏大的城市规划。彭戈尼斯关注设计在使用中的表现，包括城市公共空间、步道、绿道、现代基础设施等，将方方面面都融入一个人性化的城市体系中。彭戈尼斯主持设计过美国各类知名项目，设计作品获奖无数。

景观实录：您从什么时候开始意识到自己想做一名景观设计师？

彭戈尼斯：我与设计的渊源来自于我很早就对户外、社区、旅行、建筑以及平面设计和产品设计这些感兴趣。于是我在综合性的大学里就学了建筑。在涉足设计院校之前，我并不知道我朦胧中感兴趣的这种设计行业所涉猎的范围有多么广——建筑、景观、规划、城市设计，等等。发现了这些领域之后，我才真正将我的兴趣从建筑设计扩展到环境设计上来，包括景观设计和城市设计。

景观实录：那么您对景观的兴趣又是如何发展的呢？

彭戈尼斯：之前我对这方面的理论技巧并不是很感兴趣，直到我在俄亥俄州立大学发现了景观设计。我发现设计院校的教学方式可以是相当精彩的，工作室形式的团队协作模式令人振奋；我现在每天的工作也有这种感觉。跟其他的工作不同，景观设计这个职业充满了各种变数和挑战，每一个项目、每一天都是如此。我们工作中合作对象的行业也是五花八门，这给我们不断带来新鲜感。我们所要设

伯纳姆广场（Burnham Square）；图片由 MKSK 景观事务所提供。铺装材料来自附近街道和小巷的回收废料，凸显当地的历史。旁边是丹尼尔·伯纳姆（Daniel Burnham）设计的拱门，周围形成一个小公园，广场的名字也由此得来。

第一大街公园（First Avenue Park）；图片由MKSK景观事务所提供。铺装设计将公园东西两侧衔接起来，为公共活动和节日庆典提供了场地。

计的环境就是带给我们挑战的一个平台，我觉得，今天我们对这一平台的看法已经跟50年前大不相同。

景观实录：您认为铺装在景观设计中起到什么样的作用？

彭戈尼斯：景观设计的最高要求，就是环境的质感，而铺装在其中扮演了重要的角色，能让人深切地感觉到他身处在某个独特的环境中。铺装能够体现出一个地方的文化或历史，跟周围的环境相融，奠定环境的未来。

景观实录：景观设计中，有关铺装有没有什么设计准则或策略？

彭戈尼斯：现在的设计环境要求我们景观设计师做出的每个设计决策都要是多面性的。我们选择的材料及其使用方法，要起到不只一个作用。要满足环境长远的可持续性要求，还要实现社区、客户以及项目的预期。自然环境对我们有所要求，尤其是恶劣的户外环境。景观设计对细节的制作有很高要求，毕竟我们做的不只是纸上的设计，而是要经受实际使用的检验。

景观实录：如何选择铺装的风格、色彩和材质，使其与周围景观相协调？

彭戈尼斯：每一个项目，平衡并重视对材料的选择都至关重要。预算、功能、美观以及当地的材料和施工技术，这些都是在材料选择中我们要面临的问题。正如之前所说，这些决策带来的结果往往会超出我们在纸上设计时对材料选择的预期。比如说功能，在公共基础设施的材料选择中要考虑透水性和耐久性。除了这些基本的考量之外——也只有在满足了这些基本要求的基础上——我们才可以考虑材料对设计更多的作用，比如对本地文化的传承。

火石巷（Firestone Alley）；图片由MKSK景观事务所提供。这条小巷的所在地是制造业聚集区，因此，地面铺装模仿装卸码头，符合环境特色。铺装材料取自附近街道和小巷改造产生的废料。

景观实录：根据您多年的设计经验，您认为在设计说明中最重要的是什么？

彭戈尼斯：做设计说明往往意味着我们要对客户的书面设计要求进行阐述。这种阐述通常是在真空中进行的，就是说在这个阶段，我们可能无法跟客户、公众以及终端使用者进行沟通和交流。从这个角度上说，我建议客户在设计要求中提出更清晰明确的想法，让我们能够以此为基础，进行自由的创意表现。

景观实录：设计中如何平衡美、自然与功能之间的关系，满足人与环境的需求？

彭戈尼斯：以我的经验而言，优秀的设计作品，或者说能平衡美、自然与功能的关系以满足人与环境双重需求的设计，直接取决于我们在设计过程中倾注的时间、精力、想法与合作努力。

景观实录：您如何看待铺装设计的未来趋势？

彭戈尼斯：今天，我们有不断推出的新产品可用，这些产品使用了先进的材料和生产技术，耐用性越来越好。我们也能使用建筑信息模型软件（BIM）和参数化设计方法，用这些先进的材料定制我们设计的造型。这些材料在构成和功能上也越来越具备可持续性。跟其他领域的创新和发展趋势相似，建筑材料未来也将跳出现有资源的局限，去开发物理能源或光能的潜能。

景观实录：您最近在做什么项目？能跟我们分享一下吗？

彭戈尼斯：最近在做俄亥俄州克利夫兰市的一个项目，是一个历史悠久的街区，这个公共环境适合与家人朋友进行户外活动。我们希望通过使用当地手工制品和家具上的常见图案，来表现当地文化。在宏观（空间构成）与微观（图案）两种尺度上，我们的环境设计和铺装设计以一种微妙的方式反映着当地的历史和文化。

景观实录：在设计理念的开发以及项目施工的过程中，您遇到过哪些难题？

彭戈尼斯：在预算的范围之内，平衡功能性、内涵性与美观性，这就是我们的主要任务。我们正在尝试材料的新用法，比如花岗岩和混凝土复合材料。

景观实录：景观业最近有什么令您感兴趣的？

彭戈尼斯：MKSK景观事务所崇尚景观设计师、城市设计师和规划师之间真正的合作。我们的设计就建立在这三个行业、三种设计尺度的交汇点上。我们的设计文化注重项目更长远、更宏观的影响。我最喜欢看到的就是景观设计师的兴趣超出了项目的范围之外。作为景观设计师，我们扮演着一种独特的角色，可以在城市这个宏观维度上去分析和解决当今有关生态环境、城市密度、生活品质等这些问题。

景观实录：对刚毕业的新人设计师来说，您认为最重要的技能是什么？

彭戈尼斯：景观设计这个专业的学习，可以说是在培养领导者，景观设计师所处的位置是去领导各种团队，去解决各种问题和挑战。除了学校里教的基本的设计方法和技巧，我觉得学习景观设计最重要的是要去沟通。作为一名景观设计师，你会经常需要去做一个主导者。你会发现日常的工作需要你做各方之间的调停者；当你成为整个团队中的组织者、领导者，那你就成功了。

俄亥俄州哥伦布市麦克费尔森公园（McFerson Commons）；图片由 MKSK 景观事务所提供。这里的拱门是丹尼尔·伯纳姆设计的火车站的一部分，形成了竞技场区（Arena District）最受欢迎的公共空间。